U0173194

The Unique World
方
寸
方寸之间 别有天地

［日］远藤秀纪——著
曹逸冰——译

进化的失败

人类为直立行走
付出的代价

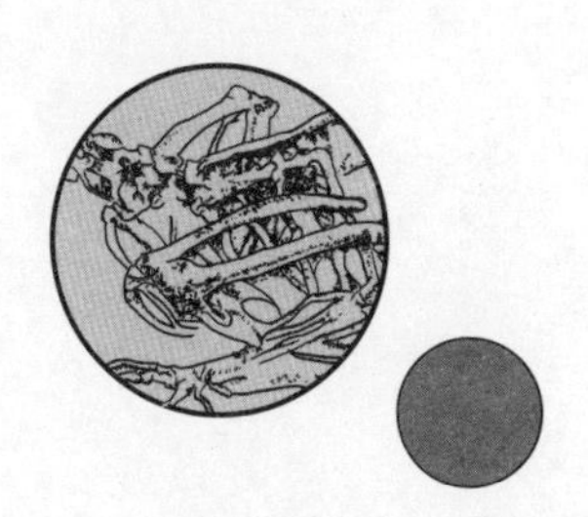

人体
失敗の進化史

社会科学文献出版社
SOCIAL SCIENCES ACADEMIC PRESS (CHINA)

《JINTAI SHIPPAI NO SHINKASHI》

© Hideki Endo 2006

All rights reserved.

Original Japanese edition published by Kobunsha Co.,Ltd.

Publishing rights for Simplified Chinese character arranged with Kobunsha Co.,Ltd. Through KODANSHA LTD.,Tokyo and KODANSHA BEIJING CULTURE LTD.Beijing,China.

前　言

想要了解历史时，我们总会寻找证据，让证据尽可能准确地诉说当年的种种。分析古代文献、探访史迹、发掘遗址、考证出土文物……这些都是研究历史的基本步骤。当然，从事这类工作不仅需要基础知识和逻辑，更离不开耐心、体力与时间。一位学者为研究一座考古遗址耗费毕生时光也是司空见惯。为什么历史学要重复如此烦琐复杂的工作呢?

答案不过一句话：因为我们无法将某一段历史重现于眼前。如果历史能再现于实验室中，那么过去发生的事情就能以人人可见的形式被客观地描绘出来。届时，历史学便会摇身一变，从烦琐的搜集与积累证据的学问，化身为一门优雅的实验室科学。

问题是，历史当然不可能在实验室内重现，所以我们才要脚踏实地破译古代文字，为了能从遗迹中了解过去不懈努力。稳扎稳打地搜集证据，才是研究历史的“捷径”。若想打破“时间”这一神秘的屏障，历史学领域最为有效，也几乎是唯一可选的方法，就是这条费力不讨好的路。

其实我们的身体也是历史的亲历者。我们所经历的，是缓缓流淌的悠久岁月。据说早在5亿年前，地球上就已经出现了相当于现代人祖先的动物。虽然它们是我们的直系祖先，但终究生活在远古时代。它们的模样，与此刻趾高气扬地坐在办公桌前，对着电脑骂骂咧咧的读者朋友和我这个作者相去甚远。乍一看，那些生命体形似弱不禁风的小杂鱼，仿佛下一刻就要被炖成佃煮[①]了，但仔细观察它们身体的各个部位，比如心脏、神经、肌肉、身体的轴线……你就会发现5亿年前的区区“佃煮”身上已然呈现出朝人类进化的微弱迹象。早在数亿年前，我们的历史就已经通过它们的身体在地球的历史上迈出了坚实的一步。

在本书中，我想与各位读者一起，循着我们人类和相关动物身体上的“足迹”，揭秘历史的神奇。提起“研究身体”，大家首先联想到的应该是医学、生物学之类的学科。至于这些学科给人的第一印象，则往往是“身穿白大褂的科学家们在干净整洁的实验室里操作精密仪器做实验”。

然而，要想在实验室里见证身体的历史，就必须创造出另一颗地球，然后在那颗星球上重现46亿年的时光，观察在此期间发

---

① 一种日本传统家庭式烹调方式，把食材和调味料一同放进煲里，并加入适量的水，用慢火慢慢将煲内的水分收干。小杂鱼是佃煮常用的食材。——译注。本书注释如无特别说明，均为译注。

生的变化。这显然是不可能完成的任务。这便意味着在研究身体的历史时，我们也不妨沿用历史学的研究手法，投入劳动寻找证据，日积月累。

不过，这种手法存在一个问题：承载着人类历史的证据藏在哪里？研究寻常的历史学，可以去沙漠发掘古墓，可以探索古刹寻找文献资料，可以循着语言的线索了解人群的迁徙往来，可以在遗迹的沙土中翻出古老的渔具……这些都能成为解开过去之谜的强大钥匙。可是在研究身体的历史时，我们又该去哪里寻找过去的证据呢？

远在天边，近在眼前。没错，身体的记录自始至终都隐藏在我们的身体中。不仅如此，还有无数动物的身体为我们的身体指明了探寻历史的方向。那也是蕴藏着历史的知识宝库。

人与动物的身体中深藏着过去的岁月，是进化的亲历者。它们的声音，必定如实承载着数亿年身体史的点点滴滴。

那就让我们竖起耳朵，试着倾听它们的声音吧。

目 录

序　章　主角就是你

我的工作

此时此刻，我的面前有一只貉。

日本人自古以来就对这种动物怀有深厚的感情。狡猾的狐狸和黄鼠狼是各种传说故事中的反派，貉却只是搞些恶作剧而已。它们的所作所为总能把人逗乐。也许是它们靠四条小短腿和尖尖的鼻子捡拾坚果、追逐昆虫的模样，让人联想到了努力谋生的老百姓。每逢初夏，日本各地都能看到这种动物“举家散步”的情形。大多数山间野兽的雄性一旦完成交配就会销声匿迹，貉却不然，常以一家五六口和谐共处的形象示人。而且，一群貉往往都差不多大，叫人难以分辨哪几只是“爸妈”，哪几只是“孩子”。这一幕幕温馨的光景，也增加了日本人对它们的喜爱。

不过我面前的貉（图1）再也不会寻找果实了。它不会津津有味地嚼银杏果，不会挖蚯蚓，不会去埋伏心血来潮探出

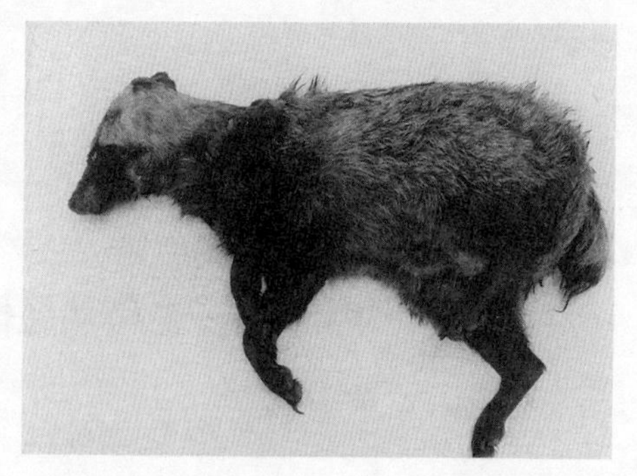

图1　貉的遗体。因发现者身份特殊，这具遗体堪称幸运。虽然遗体并不新鲜，但我们还是可以通过它获取许多数据
转载自日本国家科学博物馆专报

头来的鼹鼠，更不会将阖家团圆的温情时刻展现给登山的游客——因为它已经没有了呼吸。

若是在夏天，动物的遗体只需一两天就会变成一堆蛆虫，可爱的貉当然也不例外。成群的蛆的幼虫会穿透厚实的皮毛，悄无声息地将野兽的身体变成一层连绵起伏的淡黄色蛆虫。比蛆虫晚到一步的则是细菌，它们不会放过任何一块肉或任何一块内脏碎片。遗体的组织在细菌的作用下产生骇人的恶臭，尸骸也同时变成了苍苍白骨。

当我接触到这样一具遗体时，我会深思熟虑，琢磨琢磨自己可以从它身上了解到什么，为此需要进行哪些方面的解剖。其实准确地说，我在现实中并没有多少时间细想，因为不等我想明白，遗体便会腐烂殆尽。

因此我会时常在脑海中想象自己遇到遗体，详细设想遇到那种情况时要做哪些研究工作。当然，我无法预知死后出现在我面前的是什么样的动物，也不知道遗体会以怎样的方式出现，只能设想各种各样的情况，反复训练负责思考的头脑和负责解剖的手。只要平时多动脑筋，思考“找到严重腐烂的遗体时可以做些什么”，那么哪怕关键时刻摆在面前的是一具腐烂得不成样子的遗体，我也能让它开口说话，透露重要的信息。

从某种角度看，我的日常训练与消防员的训练非常相似。消防员无法预测自己要在什么样的情况下救人灭火，所以专业的消防员才要在事发前反复训练，确保自己无论面对多陡的外墙和多猛的火势都不会退缩。

我从事的遗体解剖工作也是如此。与遗体面对面的场景存在无数种可能性。设想种种鲜血淋漓的“战场”，充分锻炼自己的头脑，做好万全的准备，这就是我的工作。

“平时多加练习，为面对遗体准备着。”遗体解剖工作者的专业性就体现在这里。

此刻应该做的

此刻，这只貉正顶着被可恨的大嘴乌鸦（Corvus macrorhynchos）啄过的脑袋（图2），自黄泉默默仰望着我。

“如果有一只死去的貉躺在我面前，我能对它的遗体做些什么?”

这个问题正摆在我眼前（图1）。很多读者可能从来没有见过遗体，一时间怕是毫无头绪。不过，只要是在这一行待过一

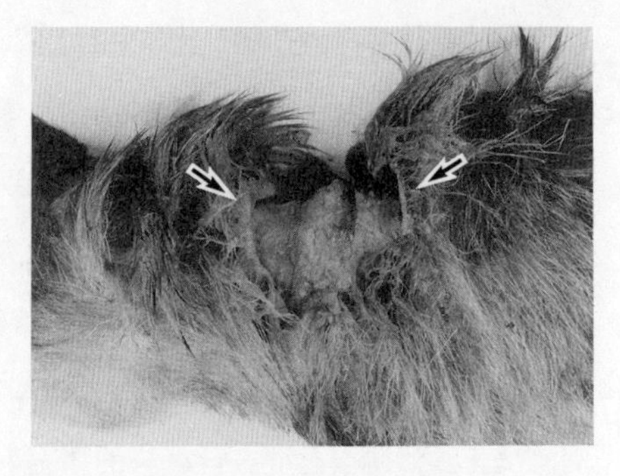

图2　图1所示的貉的背部。毛皮下的部分（箭头）似乎被乌鸦啄食过
转载自《日本国家科学博物馆专报》

段时间的人，都会自然而然地想到，面对这样的遗体时，有几件事是必须要做的。

“打开嘴，拔几颗牙齿看看。”

我可没在开玩笑。当我们面对貉的遗体时，这样的想法会自然而然地浮现在脑海中。也许有读者会问，貉的牙齿能有什么用？殊不知，牙齿也是难得的宝贝（图3）。

为什么这么说呢？我们都知道树木有年轮，而故事主人公的牙齿根部也有精妙的“年轮”，能显示它活了多少年。

和那些靠拔牙吃饭的专家，也就是牙科医生聊一聊如何预防蛀牙，他们可能会报出“牙本质”和“牙骨质”之类的专业术语，指代牙齿的组成部分。只要貉还活着，每年都会有以钙为主的成分沉积在牙本质、牙骨质等部位。而且，钙的沉积速度会随着四季流转而变化。这可能是由于夏季食物丰富，冬季食不果腹，影响了貉体内的营养分配模式，以及供给牙齿的钙

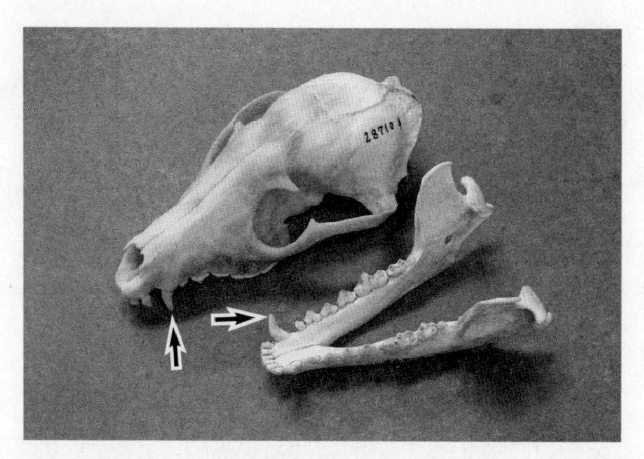

图3　貉的头骨。上下颌已卸。箭头指向犬牙，俗称“獠牙”。露出来的部分约1厘米长，形似可爱家养犬的牙齿。只要拔下一颗犬牙，观察牙齿的内部，就可以获取死去的貉的重要信息
日本国家科学博物馆藏品

质总量。这种变化，会以年轮的形式展现在我们眼前。只是木材的横截面上有清晰的条纹，谁都看得见，但貉的牙齿年轮非常细微，专家必须把牙齿切成薄片后染色，用高倍显微镜观察，才能勉强找到。所以拔下遗体的牙齿之后，我们会用特殊的切片机把它切得很薄，放在显微镜下，搜寻那也许存在、也许不存在的年轮。

不过只拔下几颗牙齿，还无法让这只貉“瞑目”。我们还可以在这具遗体上做些其他的事情。比如，打开它的胃瞧一瞧。解剖动物遗体中的胃，好似法医对谋杀案的被害者进行司法解剖。刑警希望通过解剖了解被害者的行动轨迹。如果遇害时间

不长，法医应该能在被害者的胃里找到这个人最后去过的那家餐厅的饭菜，并根据食物的消化状态估算出被害者是在死前多长时间享用了“最后的晚餐”。

但我并不想通过貉的胃内容物了解它在死前的一个小时去哪里溜达过。一般来说，解剖胃部是为了搜集这种动物的食性基本数据，比如在那个季节，它们在遗体发现地点周围吃些什么。

另外，单纯地收集这具遗体的DNA，就能大致分析出它来自日本的何处。这项工作本身并没有太大的科学价值，但我们姑且可以通过分析DNA了解这只貉与日本哪个地区的种群血缘较近。这种分析的第一步，就是切下几片遗体的肌肉与肝脏组织，收集基因。

开 战

面对被乌鸦啄食过的遗体，剥皮、拔牙、看胃、割肉……我坐在这一幕光景的中心，试图从遗体上搜集一切可搜集的东西。各位读者可能已经注意到了，如果将大家比作“下人”，将我比作“老婆婆”，这里正在发生的事便与芥川的故事[①]中那令人毛骨悚然的设定与空间配置如出一辙。然而，进行解剖的人并没有感到慌张或激动。我不过是想查明真相，在这种渴望的驱使下挥

① 指作家芥川龙之介和他的作品《罗生门》。故事中，下人看到老婆婆正从死去的女性头上拔头发。

舞手术刀罢了。在现实的研究中，面对死亡的人，唯一可以依靠的就是冷静的科学之眼。那也许是一种比冰更冷的思维和逻辑，与《罗生门》中那位在死亡的恶臭中坠入邪恶的下人的亢奋完全相反。

当我拿起镊子拉扯皮肤时，皮肤在张力的作用下很容易就裂开了。今天的主角，也就是我眼前的貉，显然不是新鲜的遗体。死亡几天后，皮肤内层的组织便会分崩离析。乍看与平时别无二致的皮毛也会失去原有的强度，用镊子一拉就碎成好几片。尽管我给它的牙切了片，切开了它的胃，采集了它的肌肉样本，终究还是在与腐败的比试中败下阵来。我不得不承认，腐败到这种程度，意味着很多信息已经无法从这只貉身上获得了，很多研究也没有了进行的条件。

我叹了口气，停止解剖。

不过，真正的战斗才刚刚开始。以解剖遗体为业的人，终于等到了彰显其坚持不懈的探索精神的机会。即便是这样一只与腐败物无异的貉，也可以拿来做许多事情。这个环节考验的正是你平时有没有把“如何处理遗体”这个问题想通、想透。

腐烂的貉是今天的主角。是让它“大放异彩”，还是“黯然失色”，取决于手握镊子的配角有多大的本事。借助冷静的双眼，我终于吹响了与遗体开战的号角。我再次夹起已经失去弹性的深褐色皮毛。镊子尖上，一定暗藏着许多奥秘。

相遇的场景

图 1 的貉是本书中登场的第一具遗体，甚是光荣。最先发现它的人，是全国上下无人不知、无人不晓的秋筱宫殿下[①]。遗体记录写得清清楚楚，“2003 年 11 月 20 日，由亲王殿下于赤坂御所大池附近发现”。当时赶往现场交接的是我，多亏宫内厅职员在刚发现遗体时大力配合，已将其冷冻了起来。

撇去“遗体发现者不是平民百姓”这一点，这只貉的出现并不是什么值得大吃一惊的事情。科学与遗体的交集，可能出现在任何时间与任何地点。我们无法预知遗体的身份，也不可能预知发现者是何方神圣。其实遗体往往会扮演另一种角色，即人与人之间的桥梁。

在初步调查阶段，我们已经从这只貉身上发现了许多信息，并留下了记录。首先是性别，这是一只雌性的貉。切开内脏后，我们又采集到了一系列数据。该个体的小肠，尤其是十二指肠带有明显的炎症。炎症似乎是出血性的，而且相当严重，这可能是它的死因（图 4）。如前所述，我们可以通过观察牙齿确定个体的具体年龄，还能从剩下的胃内容物了解到它以什么为食。另外，只需检测基因，便可大致推测出它们来自日本的哪个地区，因为如今生活在港区御所周边的貉并不是在江户城[②]形成之前就已经定居的“土著”。既然它们是最近才出现在市中心的，那就意味着它

---

① 日本皇室成员，当今天皇德仁的弟弟。
② 江户为今日东京的前身。江户城始建于15世纪中叶。

们是从人工运输途中逃出来或是从东京西部走过来的。要想查明它们的来历，分析 DNA 是一条捷径。

对于我们这些通过遗体调查御所动物的人来说，这只貉可谓是珍贵的研究材料，让我们得以解开上述谜团。幸运的是，发现貉的亲王殿下对动物学很感兴趣，也在学术界获得了诸多成绩，可以与我们探讨相关疑问。想必这只貉将以骨骼标本和基因资料等形式被保存下去。生时在东京市中心昂首阔步，死后被亲王殿下捡到——这只在当今时代堪称命运跌宕起伏的貉就这样找到了永久的安息之所。

除了发现者较为特殊，这具遗体和我与科学相遇的场景本

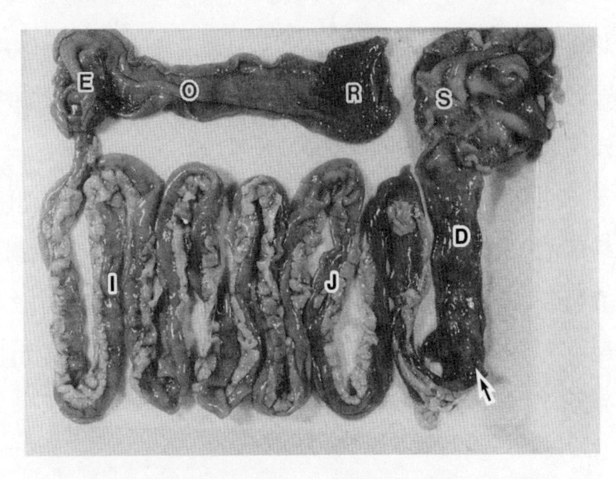

图4　小肠，出自图1的貉。包括十二指肠（D）、空肠（J）和回肠（I）。十二指肠处发黑，患有严重的出血性炎症（箭头）

转载自《日本国家科学博物馆专报》，略有修改

身还是非常普通的。如果各位想看我和更巨大或者多多少少有些稀罕的动物打交道，好比与大象对决、与海豹对话，不妨看看我之前出版的作品（远藤秀纪《熊猫的遗体会说话》和《解剖男》）。总而言之，遗体总会通过这样的交集敲开科学世界的大门。人与人的相遇相识，也同样在门后等待着我们。

一般情况下，我每年都要搬运 200 具至 500 具遗体进行研究分析，制成标本留档。单看数字，倒也不值得夸耀。当然，每具遗体的情况各不相同。比如有些遗体无法整具运走，只有头部到了我手里；有些遗体则因为腐败程度较高，无法将脏器留作研究。不过在研究分析的过程中，你会发现一张强大而紧密、以遗体为中心的人际关系网在不经意间逐渐成形。遗体本身给人类带来了大量的知识，同时在发现遗体的现场，怀有科学好奇心的土地所有者与为了搜集遗体四处求索的我们也会在不知不觉中萌生出并肩同行的强烈愿望。

这种关系绝非流于表面的单纯社交，因为它建立在“遗体”这种在大众看来相当麻烦的东西上。纠纷时有发生，我给别人添麻烦也是常有的事。不过正因为如此，遗体才能让人们走到一起，发展出深厚的友谊。甚至可以说，我遇到过多少具遗体，就与多少个人交过心。

最理想的平台

在本书中，我将尽力使广大读者朋友可以不带任何杂念地产生对遗体科学的好奇心。我也希望大家能通过这本书将遗体视作神秘而有趣的研究对象，与我共度一段美好的阅读时光。其实本书的主角正是我们自己的身体。我们借助遗体查明的种种事实，有很大一部分与我们自己的身体史直接挂钩。

当听说人类的耳朵是由远古动物下巴的某个部分演变而成时，你也许会一头雾水。你可知道，我们脚心处的凹陷诉说着猿类 500 万年的历史，堪称光荣的纪念章？如果你是一位女士，你可听说过，女性每月的月经其实是我们智人执行非凡的生存战略的结果？你也许会惊讶地发现，在你胸口搏动不止的心脏，在 5 亿年前不过是生物体内的一层膜而已。

我们借助大量的遗体，来了解人类走过的种种历史。其实探寻人类身体史，正是依靠一具具被科学家默默研究的动物遗体。我在接下来的章节中与大家分享的诸多人体的“履历”，都离不开那一具具遗体。

相信读者朋友们已经隐约察觉到了科学以怎样严谨的精神确立了以遗体构筑学问的手法，又是如何用心编织了以遗体为核心的人际网，以获取更多的知识。其实，那些遗体正是帮助我们了解自己身体史的最佳平台。

第一章　身体的图纸

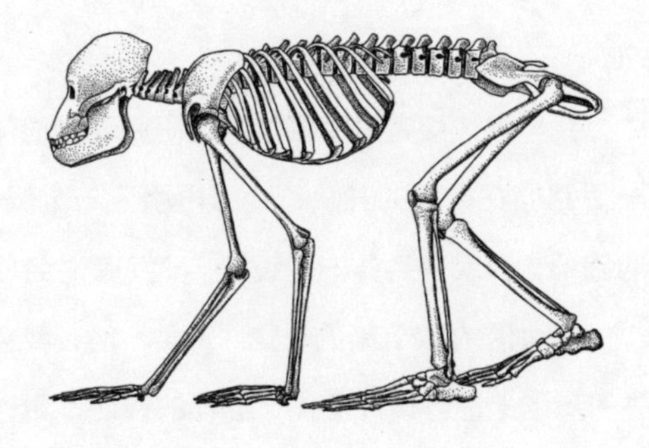

1-1　肩胛骨的履历

迷人的炸鸡

在上一章中，我与各位读者分享了“通过研究动物遗体探究人体史”这一思路。在本章的开头，我想再引入一个概念，用作探讨历史的路标，那就是身体的“设计”。我有时会使用“图纸”这一表述。特别是在谈到新的动物“人类”时，我会大量使用“在祖先的基础上进行设计迭代”这样的说法。耐心看下去，你自会理解这些词句的含义，不必在此时过于纠结。

看到“身体的设计”这几个字，各位读者也许会联想到“某种固定的形式”。比如在设计摩天大楼或新式客机时，其图纸必定是非常精确的，没有商量的余地。然而，动物的身体恐怕都不是这般严谨设计的产物，大家可以想得再宽松随意些。假设塑造身体的机制建立在某种特定的概念上，形式没有完全敲定也无妨，那么我们也可以认为，动物的身体构造建立在某种基本设计之上。下面结合实例进行讲述。

有请设计环节的第一位嘉宾——炸鸡。请大家啃一口美味的鸡肉，试着找出其中的某块骨头。每家的产品各有千秋，不一定会有某块骨头，不过招牌上有白胡子老爷爷的连锁店卖的炸鸡块里应该是有“那块骨头”的。其实仔细想想，盘子里的东西也不是非炸鸡不可。炸的也好，烤的也罢，都不影响大局。不是鸡也行，只要吃的是禽类，就能达到目的。如果家里有小朋友，吃鸡腿还是鸡胸就成了大问题，兴许炸鸡会引发一场大战。用鸡大腿探讨设计也未尝不可，但我还是想请大家挑一块临近前肢①和胸部的部位，边啃边听我讲讲动物的伟大图纸。别忘了，话题最终会绕回到你的肩膀上。

从侧面观察鸟的胸部，你会看到一大块胸肉（图5）。要是你觉得手头的鸡块太小，不够震撼，可以去肉铺瞧瞧尚未烹调、在更大程度上保留着原形的鸡胸肉。专家将这块率先闯入视野的巨大肌肉称为“胸浅肌”。顾名思义，它位于胸部的浅层。平日昂首阔步的鸡被分成若干块摆上超市的货架时，它们的胸浅肌便会被贴上“鸡胸肉”的标签。话说这块胸浅肌很是好切，只需一把美工刀，就能干净利落地将它与躯体分离。如果你抓到了一只重约3千克的鸡，不管它是不是按照肉鸡的标准育种、饲养的，两侧胸浅肌的总重量都能达到300克左右。这相当于一个体重50千克的人身上贴着一块重达5千克的肉。考虑到在体重中的占比，这

① 本书中作者为更好地说明相关进化理论，将动物前侧肢体均称作“前肢”，故此处也译为“前肢”。详见第21页内容。

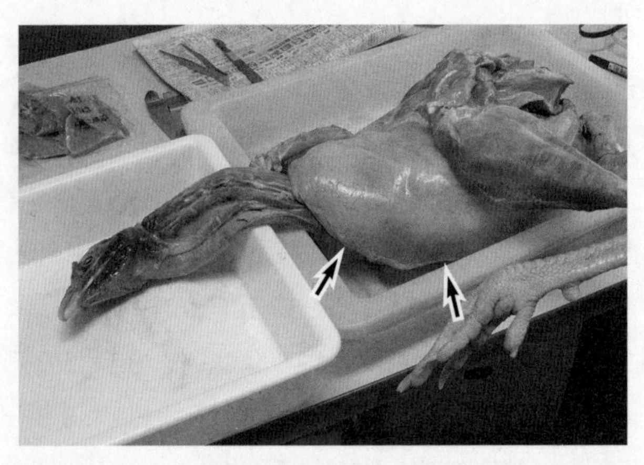

图5　去掉鸡皮，从左侧观察鸡胸。“巨大”的胸浅肌（就是作为食材出售的鸡胸肉）分外显眼（箭头）。从肩膀到前肢的独特设计，就隐藏在这块肌肉的内侧。顺带一提，这是在日本育种的斗鸡

是一块大得可怕的肌肉。

切下“巨大”的胸浅肌，一处仿佛被它保护着的、极具鸟类特征的结构映入眼帘。其中最惹眼的莫过于那动人的粉红色肌肉（图6）。想必大家都在肉铺的货柜中见过这种富有光泽的肉块。没错，它就是“鸡脯肉”。单价颇高，油脂极少。这块被胸浅肌所覆盖，俗称“鸡脯肉”的肌肉有一个直截了当的专业名称——“胸深肌”。如果是重约 3 千克的鸡，两侧胸深肌的总重量有 120 克左右。

不难想象，胸浅肌与胸深肌是鸟类为了飞行不断进化的结果。两块胸肌与胸部的大块骨骼“胸骨”将两条腕骨连接起来。胸浅肌

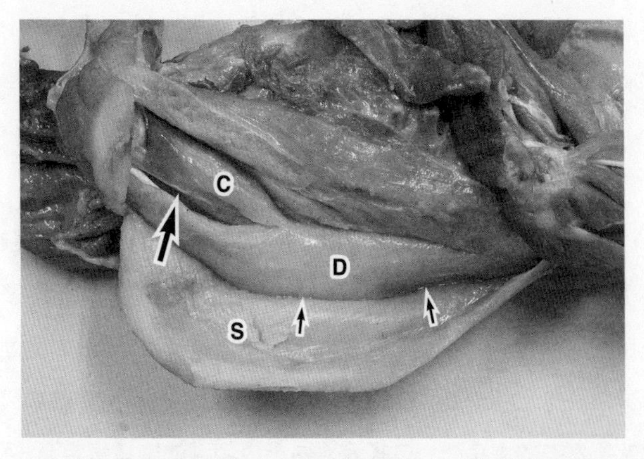

图6　卸下巨大的胸浅肌（S），便可逼近胸深肌（D）与较粗的胸骨（小箭头后方）。吃炸鸡时咬到的白而软但不能吃的软骨状物体，十有八九就是这个部位。在鸡脯肉背面，能看到另一块长约5厘米的肌肉，那就是外喙肱肌（C）。位于其边缘的乌喙骨就是本节讨论的重点。大箭头所指的位置也有乌喙骨探出头来。照片中的鸡肉取自常见的蛋肉兼用品种"罗德岛红鸡"

负责往下挥"手臂"，也就是翅膀，胸深肌负责往上挥。多亏两侧的胸肌带动翅膀上下扇动、让鸟类自由翱翔，这才巩固了它们作为天空统治者的地位。当然，在发达国家被你吃进肚子里的肉鸡虽然也有很大的胸肌，却不会飞翔，只能站在地上，光是扑扇几下翅膀都吃力得很，甚是可悲。

请大家注意，此刻你嘴里叼着的那块胸肌，是为了连接鸟类的躯干与前肢，为其提供动力。单看这一点，其他兽类和人类也不例外。因为哺乳动物也是通过肩部连接躯干和手臂的，这一部分的设计与鸟类有诸多共通之处。我们可以水平张开双臂，再向身前合拢，这个动作和鸡扇动翅膀一样，用的是胸肌。

隐于肩头的机关

不过，大家应该能在鸡脯肉的背面看到一团不常被人提起的小肉块（图6）。这块肌肉叫“外喙肱肌”。它不同于胸肌，也是翅膀的动力来源之一。如图中箭头所示，在躯干的侧面，即这块外喙肱肌开始的部位，有一块相当大的骨头逞着威风。它就是本节的主角——乌喙骨（熟悉该领域的读者肯定会注意到，单说“乌喙骨”也可指代附近的其他骨骼。特此申明，本节提到的乌喙骨均特指“前乌喙骨”）。讲到这种话题，难免会出现两三个专业术语，但文中提到的术语都很基础，希望大家把它们看成符号，稍加克服阅读障碍。

各位手中的炸鸡是否还留有外喙肱肌？哪怕已经啃了一口，也不要灰心，看看能不能找到乌喙骨。再厉害的大胃王，恐怕也不会把乌喙骨嚼碎了咽进肚子里。当然，要是骨头在烹调前就已经去掉了，那就另当别论了。

为了更好地了解乌喙骨，不妨从侧面观察鸡的全身骨架（图7）。乌喙骨紧贴在鸟的胸部侧面。直觉敏锐的读者也许会想：“难道它相当于我肩膀处的骨头？”由于这块骨头比肱骨更靠近躯干，单看关节的顺序，确实有人会将它和人类肩膀处的骨头，即“肩胛骨”对应起来。那就再贴一张人的骨架，供大家对照吧（图

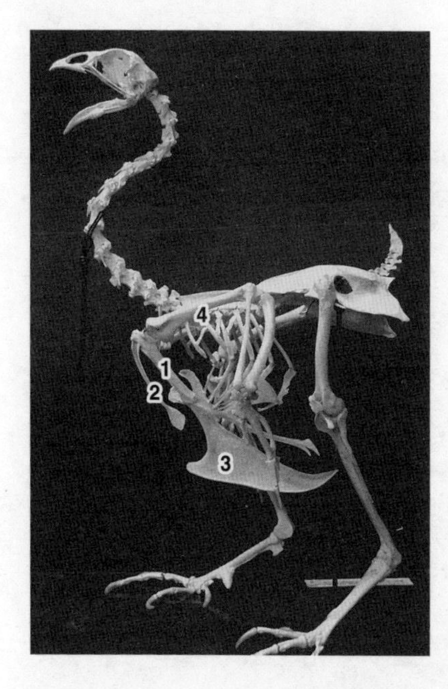

图7　鸡的骨骼标本（左视图）。乌喙骨（1）、锁骨（2）、胸骨（3）和肱骨（4）如图所示。从这个角度看，肩胛骨并不明显
照片由带广畜产大学家畜解剖学教室佐佐木基树博士拍摄

8）。与鸡和其他鸟类、哺乳类相比，人的躯干截面显得更为扁平，仿佛承受了来自腹背两侧的挤压。也许得把“胸部侧面的骨骼略向背面偏移”这一点考虑进去，才能勉强在两者的骨骼形态设计之间找到某种联系。

问题是，鸡的乌喙骨和人的肩胛骨虽然位置相似，但名称并不一样，不是吗?

没错，其实鸡也有一块“正牌”肩胛骨（图9）。尽管它十分纤弱，仿佛一根牙签，但它的位置比乌喙骨更靠近背部，确实配得上“肩胛骨”之名。然而，这块肩胛骨与人类气派

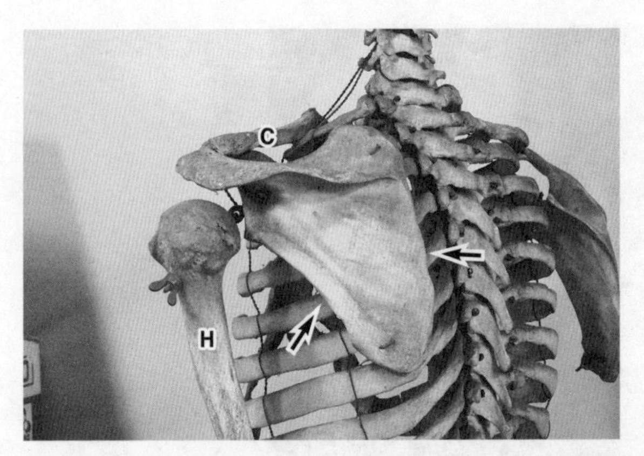

图 8　从背面观察人的胸部。肩胛骨（箭头）紧贴躯干。肩胛骨的作用与上一张图中的乌喙骨相似，与肱骨形成关节，使手臂与胸部相接。C 为锁骨，H 为肱骨。照片拍摄的本是右侧肩胛骨，为了与鸡的骨架照片对应，做了左右翻转处理

日本国家科学博物馆藏品

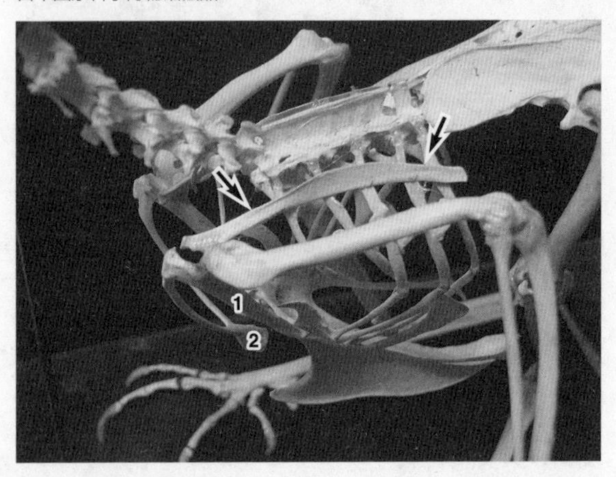

图 9　从稍靠背部的角度近距离拍摄图 7 的鸡骨架。在相当靠前的位置，有一根“不甘寂寞”的细长肩胛骨（箭头）。1 为乌喙骨，2 为锁骨。它们都是构成前肢带的骨骼

照片由带广畜产大学家畜解剖学教室的佐佐木基树博士拍摄

的三角形肩胛骨相去甚远。进化之神究竟对鸡的肩膀动了什么手脚?

远古时代的肩部基本设计

在专业领域，乌喙骨、肩胛骨及其周边的骨骼都属于“前肢带”的范畴。这个术语听着陌生，意思却并不难懂。一般来说，我们将连接躯干与手臂骨骼（即肱骨）的骨骼或部位统称为“前肢带”。人的手臂不叫“前肢”，所以标准的术语应该是“上肢带”，但本书不仅仅探讨人类，所以请允许我以“前肢带”代称。顺便说一下，后肢的连接部位也有类似的名称，叫“后肢带”。后肢带的中坚力量是腰部周边的骨骼，比如骨盆。

那就让我们从设计的角度对前肢带做一番剖析吧。前肢带负责连接前肢与躯干，所以它具有为达到这个目的服务的基本设计。可供我们分析的最古老的案例，其实是在大约 3.7 亿年前首次踏上大地的脊椎动物祖先。我将在下一章对它们进行更深入的探讨。不过，我们倒也不必匆忙回溯到数亿年前。看看鸟类和相关的动物就足够了。

如骨骼标本所示，为了实现连接前肢与躯干的功能，鸡的身体自设计阶段就至少配备了乌喙骨和肩胛骨这两块骨骼（图 7 与图 9）。乌喙骨在靠近背部的一头与肱骨组成关节，在靠近腹部的一头又与胸骨组成关节，是不折不扣的“连接器”。肩胛骨则与肱骨衔接，虽纤弱却连带肌肉附着在胸部的侧面。

鸟类自不用说，其实用这两块骨骼连接前肢与躯干也是爬行动物的常态。除了没有四肢的蛇类，其他爬行动物的前肢都以正经的乌喙骨和肩胛骨与躯干相连。从乌喙骨延伸出来的外喙肱肌则为前肢的运动提供了动力。这是早在爬行动物的阶段就已经确立的设计与图纸。想必各位读者已经发现了，这套基本设计有着悠久的历史。其实说得再准确些，组成爬行动物前肢带的不单是乌喙骨和肩胛骨，还有若干种其他骨骼，但是说得太琐碎吧，大家看着未免吃力，所以就不深入展开了。

“修改”图纸

其实鸟类与爬行类同宗同源，和恐龙的亲缘关系尤其近。报纸上常有这方面的文章，想必很多读者也有所耳闻。在小学和初中的理综教科书上，鸟类被划分成一个独立的群组。在教授脊椎动物的分类时，这种分法确实有一定的合理性。然而当我们站在逻辑的角度解读进化的史实时，区分鸟类和恐龙的必要几乎是不存在的。换句话说，你此刻啃着的炸鸡，就是远古时代的地球统治者——恐龙的后代，如假包换。

既然如此，炸鸡的乌喙骨和肩胛骨应该在极大程度上参考了爬行动物尤其是恐龙的设计，这才留下了今日的形态。气派的乌喙骨与瘦弱的肩胛骨形成的“力量对比”格外引人关注。

大致来说，基本上所有爬行类都会和谐运用乌喙骨与肩胛骨，实现前肢与躯干的连接，恐龙也不例外。然而，在爬行类朝鸟类进化并不断提升飞行能力的过程中，它们似乎更侧重乌喙骨而非肩胛骨的进化。我们也可以说，在组成前肢带的两种骨骼中，乌喙骨被赋予了更重要的作用，这便是鸟类进化的基本图纸。也就是说，鸟类对图纸进行了修改，将连接前肢与躯干的职责彻底交给了乌喙骨。至于变化的原因，也许是肩部结构需要做剧烈运动，同时又要追求轻巧，于是就从“两根支柱”简化成了“乌喙骨挑大梁”。此刻被你握在掌中，即将被你吃进肚子里的炸鸡，正通过乌喙骨和外喙肱肌那强有力的形态，以及肩胛骨那瘦弱得叫人心疼的模样，向我们诉说着历史长河中的身体设计变迁。

那人类的前肢带有着怎样的结构呢？乌喙骨是无论如何都找不到的，但肩胛骨非常明显，就是你用“不求人”挠背时挡路的那块骨头。它在这个位置上彰显着存在感，形成了连接上臂与躯干的结构（图8）。在人体中，肩胛骨与肱骨形成关节，最终借由锁骨，将肩胛骨与胸骨，即躯干的胸部连接起来。

不过早在锁骨出现之前，肩胛骨就由许多从背部、胸部、颈部、头部延伸出来的肌肉系在躯干上，所以单靠肌肉，手臂也能与躯干牢牢相连。

命运分水岭一般的设计迭代

请大家带着“设计”的概念再次思考一番：人的肩膀到底经历了什么？远古时代的脊椎动物的前肢带明明是乌喙骨和肩

胛骨缺一不可，但事实摆在眼前，现代人身上只剩下了肩胛骨。在研究鸡的前肢带骨骼（图9）时，我曾提到肩胛骨的重要性有所下降，乌喙骨成了前肢带的核心元素。既然如此，我们便不难推测，人类遇到的情况与鸟类正好相反。换句话说，人类的祖先在那两块骨骼中挑中了肩胛骨，负责连接手臂和躯干。至于剩下的乌喙骨，则任其退化，直到消失不见。

前肢带自带古老的图纸。无论是鸡还是人，都是被迫接下那张图纸的后代生物。鸡在老祖宗的前肢带中相中了乌喙骨，而人类则选了肩胛骨挑大梁。从某种角度看，我们可以称之为“基于老图纸的设计迭代”。前肢带的设计本来就扎实，稍加改动就能产生新的动物。进化当然是突变和自然选择的点滴积累，但物种注定无法摆脱设计图纸。正是这场命运分水岭一般的设计迭代，使得鸡和人拥有了差异分明的肩部形态。

大家都知道人类属于哺乳类动物，科学家一度认为哺乳类起源于爬行类中的某一群体，走过了完全不同于恐龙和鸟类的历史。这句话的后半部分没错，但是“哺乳类进化自爬行类”已不再是学界的主流观点。哺乳类没有经过爬行类的阶段，直接由两栖类进化而来，才是当今学界广泛认可的推论。种种迹象显示，两栖类等脊椎动物分化出了进化至鸡的爬行类一脉和进化至人的哺乳类一脉，两者在很久以前就已经走上了完全不同的进化之路。顺便一提，肩胛骨占优、乌喙骨消失的情况绝非我们人类独有，而是哺乳类中普遍存在的情况，只有少部分非常古老的哺乳类动物例外。

鸟类与哺乳类走上不同道路的确切时间尚不明确。粗略来说，应该是约 3 亿年前被称为“古生代石炭纪”的那个时代。二者早早地分道扬镳，一方进化出了乌喙骨以驱动前肢，另一方则进化出肩胛骨以带动前肢。进化是一个非常漫长的过程。

有趣的是，虽然两者选择的部位不同，最后却都取得了一定的成功。对于侧重乌喙骨的爬行类而言，中生代，也就是 6500 万年前及更早的恐龙时代也许才是它们真正的黄金岁月。但恐龙最终演变成鸟类，翱翔于天际，它们也称得上现代的成功者。哺乳类就更不用说了，从 6500 万年前便成了地球的统治者。只是我们人类的历史还非常短暂，智人诞生不过 15 万年而已，追溯到猿人也只有 500 万年左右。

隐于肩头的两块骨骼就讲到这里。我们完全可以说，两者的系谱中都诞生了功能相当强大的肩膀。进化的分支，绝非“不胜便是败”的二选一。在某个时间节点走上不同的命运之路，最后以各自的方式取得成功，在进化史中是常有的事。

彷徨的锁骨

其实还有一块骨骼在前肢带中扮演着重要的角色，那就是锁骨。只是许多读者朋友怕是第一次接触乌喙骨和肩胛骨的设计，要是连锁骨一起说，恐会导致混乱，所以我没有多提。为严谨起见，就在本节的最后和大家聊一聊锁骨的有趣之处吧。

其实鸟类（图 7）和哺乳类都有像样的锁骨，其作用是将乌喙骨或肩胛骨连接至胸骨（即躯干的一部分）。人的锁骨位于颈部下方前侧，左右皆有，大家应该都能毫不费力地摸到。

无论是鸡还是人，锁骨都是比较发达的，所以我故意没有提起。不过，你家养狗了吗？如果你的心肝宝贝就在身边，那就不妨多学一个小知识：狗是没有锁骨的。其实，这也是发生在犬类身上的一场设计迭代。没错，犬类认为锁骨无用武之地，将其逐出了前肢带配件的行列。

你可以一边逗狗狗，一边摸摸看。沿着颈部往下摸，你也许能在前肢尚未出现的位置摸到一团推得动的皮下硬块。体形较大，体重在 10 千克以上的狗会比较容易摸到。即便我告诉你该怎么找，你也不一定能找到它。它就是锁骨留下的痕迹，称为“锁骨划”（Intersectio clavicularis）。虽然名字里有“锁骨”二字，但锁骨本身早已无影无踪，空余一小团纤维和软骨守在自头部延伸至前肢的长条肌肉中。然而，那正是被犬类的历史逼上绝路的锁骨发出的最后一声嘶吼。

当我们试图探究身体的历史时，最重要的信息往往就隐藏在这种不起眼的地方。这些信息，都是只有通过解剖大量的遗体才能发现的科学事实。

1-2　心的历史

心脏的古老形态

我也有过风花雪月的时光。我总想把人生想得更光明一些，自说自话地坚信恋慕之情总能打动人心，无论男女，直到生命的最后一刻。这颗摇摆不定的心，就是本节的主题。

首先有请拥有心脏最古老的形态之一的文昌鱼（Branchiostoma Lanceolatum）（图 10）隆重登场。从系统分类学角度看，文昌鱼属于原索动物的头索类。虽说名字里带个“鱼”字，但它不同于鱼类，是比鱼类原始得多的动物。过去，文昌鱼在日本相对温暖的海域很是常见，可惜由于海洋开发与污染，它已经在不少海域销声匿迹了。顺便一提，据说在与日本相邻的中国，人们会把这种动物做成神似佃煮的菜肴。这让我不得不感叹，亚洲人的食欲真是无底洞。不过细瞧文昌鱼的模样，倒也在情理之中，因为日本人用于熬制佃煮的小鱼也确实是这般大小与粗细。

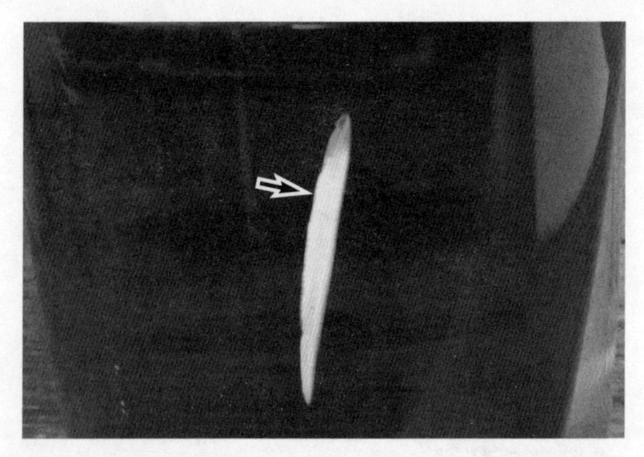

图 10　文昌鱼的浸制标本。长约 5 厘米。原始的“心脏”零散分布于身体的腹侧（箭头）
日本国家科学博物馆藏品

据说文昌鱼的长相与我们远古时代的祖先非常相似。人们在加拿大西部的伯吉斯（Burgess）发现了与文昌鱼亲缘关系相当近的一种动物的化石，这种动物叫“皮卡虫”（Pikaia）。伯吉斯出土了大量动物化石，均来自 5 亿多年前的寒武纪，而皮卡虫就在那里若无其事地释放着存在感。幸运的是，化石记录了肌肉的排列方式等信息，证明皮卡虫在那个时代便已经作为文昌鱼的近亲登上了历史舞台，为脊椎动物在日后的发展奠定了基础。

文昌鱼是一种左右完全对称的动物。它虽然还没有进化出脊椎骨，却有脊索（notochord）起到支撑身体的作用。相较于同级别的其他动物，它已经拥有了相当考究的神经系统、呼吸器官与排泄器官。而且，我们可以认为，这是可能涵盖所有脊椎动物的基本图纸。在这张图纸中，我想请大家重点关注循环系统，尤其是心脏。

文昌鱼及其同类被认为是最早拥有发达血管系统的动物，而我们的循环系统与之一脉相承。别看文昌鱼这副样子，其实它拥有强大的血液循环网，可以将氧和营养物质输送到身体的各个部位，同时回收废物。尽管血管壁的组织和在血管中流动的血液细胞都还很原始、很简单，但仅仅是“拥有神似血管的血液循环通道”这一点，在进化史上就是具有划时代意义的大事件。单看“存在血管”这一点，便知脊椎动物的基本设计早在文昌鱼的阶段就已经逐渐成形了。

那就重点看看这种动物的心脏吧。不同于我们和广大其他动物的是，它并未拥有“心脏模样的心脏”，但它确实具备了使血液得以循环的动力源。动力源位于身体侧面的鳃沿腹部分布的血液通道上。然而，这种心脏的原形看起来一点都不像心脏，不过是心肌细胞散布在血管壁的广泛区域中而已。但这些细胞可以自行收缩，且不论它们能派上多大的用场，都多少可以带动血液通道一并收缩，扮演好“柔弱的水泵”的角色。

看来在脊椎动物的初始设计中，心脏散布于鳃后靠近腹部的位置。当然，这样的结构还远不足以应付日后的复杂活动。在进化层面更进一步的脊椎动物就是广义的鱼类了，而鱼类已经拥有了像样的心脏。

研究鱼的心脏并不需要手术刀。请晚饭的小菜上台走两步吧（图 11）。用烤好的鱼也不碍事。拿筷子戳戳鳃后方靠近腹部的位置，就会有一个硬硬的红黑色三角锥状器官探出头来。严格意义上讲，那才是心脏的初始形态。不过请大家注意：心脏的位置概念并没有任何变化，仍保留着文昌鱼定下的基本状态——“位于鳃的后方”。换言之，鱼类实现的设计迭代，就是老老实实地、全方位地沿用文昌鱼勾勒的基本设计，创造出可以集中力量发挥水泵作用的心脏结构。

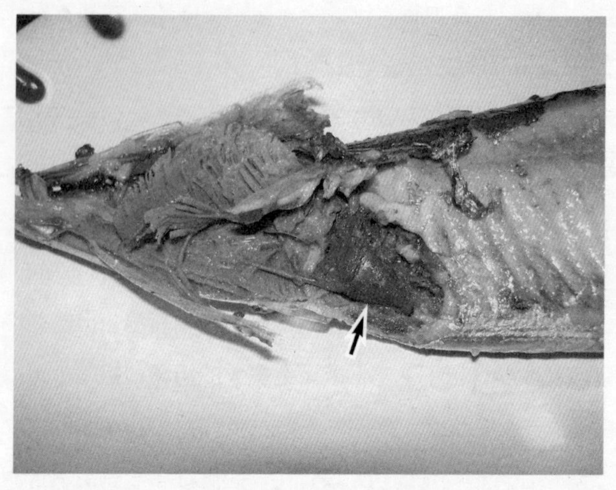

图 11　作为佐餐小菜的秋刀鱼。请重点关注鳃盖后的腹侧。打开这个部分，就能立刻找到心脏（箭头）。将餐桌上的小菜用作本书的插图，于我来说无异于玩笑，但对于广大读者来说，“解剖”烤秋刀鱼是在日常生活中研究进化的机会之一，着实难能可贵。自不用说，这条秋刀鱼在拍摄结束后进了我的肚子

心脏本是一层皮

看到文昌鱼，便认定“那种东西和我的身体设计能有什么关系啊”，那可就太武断了。文昌鱼在鳃后播下的心脏种子和在你胸口搏动不止的心脏，确确实实有着千丝万缕的联系。

疑心重的朋友怕是已经发问了：“就没有比它更古老的心脏吗？”其实比文昌鱼更为原始的心脏的确存在，只不过能否称之为“基本设计”，可能要打个问号。那种心脏位于海鞘体内。

海鞘也是一种原索动物，也有“心脏”，只不过从某种意义上讲，海鞘的心脏比文昌鱼的更配不上“心脏”二字。毕竟，海鞘没有血管系统。它的心脏只能通过搏动将体液输送至身体各处，并无特定的目的地，而且体液的流向不是固定不变的。这种心脏像男人一样反复无常，会心血来潮地改变收缩方向，将体液随机推向各处。

海鞘心脏的实质，是其体内的空腔壁逐渐分化演变而成的肌肉细胞。那是一张专业术语称为“体腔上皮”的皮。术语并不重要，总之我们应该可以将其定义为未完成的心脏图纸。站在海鞘的角度看，它虽然没有血液流动的通道，但只要不间断地将体液从一个地方转移到另一个地方，就能实现为新陈代谢转移物质的目的。换句话说，海鞘定是在面对“如何在没有心脏的前提下转移体内物质”这一难题时使出了“苦肉计”，把体腔上皮改造成了水泵。

可谁曾想到，这块上皮在悠久的岁月长河中进化成了在你胸口怀揣着梦想的心脏。研究显示，人类在从受精卵逐渐演变为胎儿的早期阶段，也会用这种体腔上皮细胞构建心脏。提起海鞘，大多数人的第一印象是大叔们晚酌时的下酒菜，或者廉价科幻片中的外星生物。殊不知海鞘的内膜，堪称地球上所有脊椎动物的心脏初始图纸。

说来惭愧，我读博士时选择的研究课题正是“透过脊椎动物的历史分析体腔上皮和心脏的关系”，简直毫无紧迫感。具体的研究方法则是抓来各个进化阶段的动物，采集其体腔上皮的周边组织，直观地确认该部位有没有朝着心脏进化的迹象，随便得一塌糊涂。

在宽宏大量的超一流发育生物学研究室做这样的课题也就罢了，我开张的地方却是寻常的兽医学基础研究室，以致我周围形成了一派诡异的景象（远藤秀纪《比较解剖学现状》）。大家不妨设想一下：那些年，对解剖学不感兴趣的年轻人是越来越多了，而且大家纷纷抛弃遗体，换上了分子生物学设备。我却在书桌上摊开一堆 18 世纪的经典著作，又在实验室里埋头解剖七鳃鳗和鲨鱼等生物的遗体。在当时的导师看来，我大概是个彻头彻尾的笑话。如果负责研究室的教授是平庸之辈，照理说会立刻将我赶出门去。幸好我在那个年代的兽医学界遇到了一位肯让我自由发挥的杰出指导者，享受了得天独厚的研究环境，这才与遗体解剖结下不解之缘。

与机器的图纸有何不同

通过上面两个例子，我与大家分享了进化层面的“设计”概念。虽然其中用到了一些陌生的词语，但我相信那不会成为理解的障碍。

动物都有携带基本设计的祖先。下一个阶段就是借用该祖先的设计，在此基础上进行修改，这也是进化出新动物的唯一方法。所以，要想催生出新的设计，唯一可行的办法就是用橡皮抹去祖先图纸中的某些部分，再添加某种能轻易实现的元素。

这与人类制造的机器形成了鲜明的对比。每一台机器都是根据使用者的目的从零开始设计而成的，主动权百分之百掌握在设计师手中。当然，我们有时也会在原有机器的基础上进行修改，推出所谓的“改良版”，但这并不意味着我们拒绝了从零开始重新设计的机会。然而，从零开始重新设计一种生物终究是不可能完成的任务。

公寓抗震强度造假问题自 2005 年起层出不穷，轰动了全日本。据说是建筑师在电脑上篡改了结构计算书，伪造了抗震数据。这类事件固然触目惊心，却也从侧面证明了“主动权在设计师手里”。问题是，动物的图纸是不可能像这样随意勾画的。因为有明显缺陷的动物即使被勉强制造了出来，也无法熬过之后的历史。自然选择定会消灭有缺陷的“次品”，一个都不会放过。

动物都有基本的图纸，无论是祖先还是后代。在运用这张图纸的过程中不断调整，正是动物的进化之道。因此，若有非常“好用”的图纸，动物就会淡定地使用 5 亿年之久，擦了又写，写了又擦，周而复始。海鞘和文昌鱼的心脏经历了 5 亿多年的曲折，最终演变成我们体内的心脏，至今搏动不止。乌喙骨和肩胛骨这对组合也各自经历了设计迭代，独立见证了 3 亿年的历史。

希望各位读者带着“设计”与“设计迭代”这两个概念阅读本书的中间部分。下一章堪称设计与迭代的饕餮盛宴。在第三章与第四章中，我将顺着“设计”这条故事线梳理人体形态的变迁史。另外请大家牢记，这些故事都离不开在野外收集的大量动物遗体，离不开脚踏实地做研究的态度。

第二章　反反复复的设计迭代

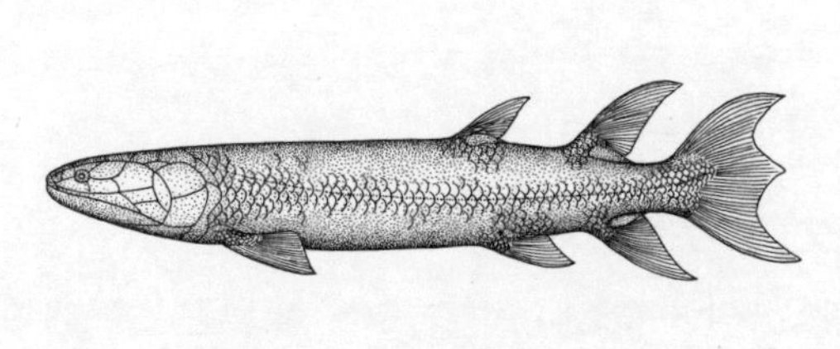

2-1　5 亿年的困惑

错误、失误、失败、巧合……

粗略算来，从上一章的明星“文昌鱼”出现到人类的诞生，大概花了 5 亿多年的时间。工薪族连 5 分钟都不舍得多花，连午饭都选择站着吃的荞麦面，把“亿年”这样的时间单位摆出来，只会让他们不知所措。不过我还是希望本书的读者朋友们不要被这些“亿年”吓到。

5 亿年也许是太漫长了，但我们不妨换个角度看问题：据说宇宙的历史长达 150 亿年，地球的历史则有 46 亿年。相较之下，身体的历史不过是其若干分之一而已。在科学需要探讨的范畴中，动物的身体史所占的时间其实很短。“光阴似箭”这四个字着实精辟。多亏了动物的身体在如此之短的时间里全速冲刺，我们现代人才得以诞生，这一点更让我感慨万千。

不过你可千万别因为这 5 亿年“短暂”，就认定身体牵出的历史不过是一堆简单事件的集合。动物的身体太复杂了，单纯的拆解还不足以让我们正确地理解它们。

“动物的身体仿佛有自己的意志一般，以迅雷不及掩耳之势不断改变着自身的形态和生活方式。”在观察身体形态变迁的过程中，你定会形成这样的历史观。

正如我在前言中提到的那样，历史往往以文字与图画的形式留存在石头与纸张上，需要人们通过发掘遗迹来探寻。然而，动物的身体史显然比文字古老得多。所以想要揭开身体史的奥秘时，我们才会掘地三尺，试图找到化石。化石的确是讲述身体形态变迁的重要证据。与此同时，我们也能轻易找到另一种证据，其重要性毫不逊色于历时数万年形成的化石。正所谓“灯下黑”，这第二种证据，就是将地球点缀得五彩斑斓的动物们的身体，还有终日匆匆忙忙的你我的身体。

在研究历史的过程中，刻在石头上的文字与地下挖出的化石难免会给人以“枯朽结局”的印象，但“自己的身体中也留有历史的脚印”这一事实却让人耳目一新。其实，我之所以专注研究动物的活体与遗体，也是因为眼前的肉体无论是生是死，都蕴藏着奥秘，这一点为我带来了无限的感动。研究一亿年前的恐龙化石确实是一项非常激动人心的工作，但我更着迷于躺在我面前的、鲜活的鳄鱼遗体。比起被认定为“物体”的事物，有生命的或者直到片刻前还活着的东西，才是能让我无条件燃烧激情、想要解开谜团的对象。

看来，我对身体的历史如此感兴趣，与“身体的历史刻在我们人类与其他至今仍活在地球上的动物的身体机制中”不无关系。

事实上，我们可以在脸上、手上、脚上和背上找到脊椎动物留下的种种脚印。它们在时光的浪潮中跑得太快，祖先的身体又是它们唯一的材料，以致那些脚印中留有无数跌倒、迷路的痕迹。

比方说，鱼类上岸的目的并不是“最终成为用两条腿走路的智人”。读者朋友们应该也注意到了这一点。人类并非建立在神佛从零开始设计出来的理想图纸上。催生出哺乳类的其实是巧合的日积月累，而牵强的设计迭代又造就了猿类。不断积累的错误，让猿类开始用两条腿走路。500 万年过去，才有了今日盘踞在地球上的现代人。我们的身体迷过路、摔过跤，经历过无数次的巧合与失误。身体会向我们展示种种独特的精妙设计、种种出乎意料的成功，有时还有彻底失败的改造。

接下来，我想带领大家领略身体各个部位经历的形态变迁。首先请大家牢记，今天呈现在我们眼前的人类与动物的身体是由无数小零件组成的，而这些小零件都熬过了艰难的进化。它们大多是设计迭代、错误、失误、失败与巧合共同作用的产物。每一个部位都建立在漫长的时间之上，是 1 亿年、3 亿年乃至 5 亿年演变的结果。

2-2　生出骨骼

骨骼的作用

奥泉光老师有一本催人泪下的小说《石头的来历》。作者以壮烈的文字，描写了主人公在菲律宾的死亡战场上遇到一块无名的石头，石头的历史又与现实世界中无助的人类产生了交集的故事。本节的主人公是动物的骨骼，它们的历史不会像小说中的石头那样，与个人的命运交织在一起。不过，石头与骨头给人留下的第一印象都是不声不响、静止不动的疙瘩，倒也有几分相似之处。其实，人类的骨骼与小说中提到的莱特岛洞窟里的石头一样，承载着深远的历史。

骨骼由磷酸钙组成，呈梁状结构。它的强度全拜磷酸钙这一无机物所赐。当然，若把时钟往回拨许多，呈现在我们眼前的就是地球上只有无脊椎动物的时代。因此我们不难推测，动物必定在进化的过程中通过某种方式漂亮地拿下了这种无机物。

磷酸钙组成的结构看似无机，但其内部活跃着大量的活细胞。它们时而制造新的梁状结构，时而分解原有的结构。由于骨骼很硬，很多人误以为骨骼的形状是恒定不变的，其实不然。只要骨骼所在的动物还活着，磷酸钙组成的梁状结构就会在细胞的作用下每日重建，激烈代谢。考虑到孩子长身体的时候，骨骼是会逐年增大的，“骨骼会不断改变形状”这一点也就不难理解了。

那么，骨骼在体内起什么作用呢？教科书往往会给出两三个答案，比如支撑身体、运动的起点或保护身体不受外力侵袭。

首先，我们人类能够保持站立的姿势就多亏了骨骼。每天牢骚不断的你我与街坊邻居都是有一定质量（也可以说成重量）的生命体。如果强度不够，就会被重力压得变形，甚至被压垮。

水母便是一个简明易懂的反例。它是亚洲人餐桌上的常客，不知大家有没有见过打捞水母的场景。只有在水中漂浮，不太受重力影响时，水母才能保持像样的形态。一旦被捞出海面，它们便会化作一团畸形的凝胶。近年来在日本海大量繁殖，引发种种问题的越前水母（Nemopilema Nomurai）也不例外。当重力作用在生活在水中的无脊椎动物身上时，它的命运就会立刻迎来终局，而陆生脊椎动物还有磷酸钙组成的骨骼可以依靠。多亏骨骼扮演支柱的角色，顶住施加在身体上的力，我们才能与重力抗争，保持住身体的形态，平平安安地活下去。

接着，请大家弯曲手臂，试着让大臂上的肌肉隆起。只要用些力气，每个人的手臂都会多多少少鼓起来一些。那团肌肉就是“肱二头肌”。它始于上一章介绍过的肩胛骨，朝手臂延伸，途经肩关节与肘关节，止于肘部下方的骨骼。人的肘部和手腕之间有两根平行分布的骨头，而肱二头肌的终点是靠近拇指的那根，称为“桡骨”。如你所见，当这块在肩胛骨和桡骨之间的巨大肌肉收缩时，你就能做出“弯折手肘”的动作。当然，这是人类提起物体时不可或缺的动作。撇开人类这个不用前腿支撑体重的例外不谈，大多数四条腿的动物也离不开这个动作，否则连走路都成问题。

从这个例子便能看出，骨骼的重要作用之一是“为肌肉提供附着面，使动物能够运动”。借助肌肉将桡骨拽向肩胛骨，肘部就会弯曲。如果身体之中没有骨骼，那么“控制身体各个部位，以全身完成某个动作”便成了难事一桩。

最后，请大家千万不要忘记：我们每一个人的脑袋都摔出过包，却平安无事活到了今天，这是因为我们有颅骨，而颅骨是保护大脑不受冲击的重要屏障。砸在胸口的拳头不会对职业拳击手造成太大的伤害，这也是因为人的心肺有许多根如盔甲般排列整齐的肋骨保护着。这些例子都告诉我们，骨骼充分利用了自身的硬度，起到了保护身体免受物理冲击的作用。

初衷与结果之间的差距

当然，水母、鱿鱼、昆虫等众多无脊椎动物并未获得拥有这种属性的骨骼。至于脊椎动物，参考之前提到的文昌鱼便知，我们远古时代的祖先也并不是一开始就具备了像样的骨骼。文昌鱼有脊索起支撑作用，但它终究不同于我们晚餐时吃的秋刀鱼，没有排列规律的脊椎骨。

那么，身体究竟是如何装备上骨骼的呢?

古生物学家和解剖学家对骨骼的起源进行了反复的讨论，但直到现在也没有形成定论。称不上无懈可击的主流学说大略如下。

对上古时代的鱼类而言，“如何保留生存所需的矿物质”是一个重大的问题。能否为身体稳定提供钙和磷酸，几乎是决定鱼类生死存亡的命运分水岭。假设当年的鱼生活在海里，海水中的钙当然是很丰富的，问题是它们要如何将钙储存在体内呢?

至于磷酸，从海水中获得的磷酸的量可能会随季节的变化大幅波动。正常情况下，磷酸积蓄在浮游植物中，而动物作为消费者，可以通过进食浮游植物获取磷酸。但是，浮游植物的产量并非一年到头稳定不变。供给一旦被切断，哪怕时间再短，鱼也会被立刻逼进缺乏磷酸的境地，难以维持生命。既然如此，若能建立一套循环，在供给丰富时大量储存磷酸，到了稀缺的时节再一点点拿出来消耗，对鱼类来说就相当方便了。

钙和磷酸——也许我们的祖先在体内设置了某种储藏磷酸钙的场所，试图一举解决两种矿物质的供需关系难题。供应量大的时候，将磷酸钙积聚成团，储藏起来。到了无法从外界获取钙与磷酸的时候，再调用库存，供应身体所需。

换句话说，磷酸钙梁状结构存在的初衷并不是支撑身体、将其用作运动的起点或者保护身体。鱼类的“初衷”不过是建一座矿物质仓库而已，除了储存磷酸和钙，并无其他用途。谁知，由此产生的磷酸钙仓库坚硬而结实，性能强大，没有比它更适合成为身体中轴的事物了。

进化的常态

“积蓄磷酸钙”与“骨骼具备我们所熟知的高性能形态”之间存在一定的差距，甚至将这种差距形容为鸿沟都不为过。但是不难想象，鱼类先以骨骼为起点铺展肌肉，获得了运动能力数倍于以往的身体。说白了，就是骨骼催生出了游得比以前更快的鱼、能敏捷躲避敌人的鱼、能灵活改变姿势的鱼、能细致控制泳姿的鱼……此外，骨骼不仅提升了身体的运动能力，在水中与其他动物厮杀时，进化出了骨骼的广大鱼类还能靠着骨骼织就的铠甲继续活下去。没错，就像那些胸口中拳，心脏却安然无恙的职业拳击手一样。

斗转星移，鱼类终于来到了陆地，进化成有四肢的动物。当然，这一步肯定花了不少时间。诞生于 5 亿年前的磷酸钙仓库，在鱼类的后代登陆后演变成支撑身体、对抗重力、维持身体形态的重要支撑结构。为了保障磷酸盐和钙的供给费尽心思进化出的部位，最后却成了在陆地上栖息的生物不可或缺的身体支柱。在这一瞬间，区区矿物质仓库升级成了功能更为强大的骨骼。

“初衷”与结果大相径庭，也算是骨骼史的有趣之处。最终形态的作用与形态产生时的功能明显不同——在进化学领域，科学家常用“预适应”（preadaptation）一词来诠释这种现象。当远古鱼类于体内储备磷酸钙晶体，用作矿物质的存放场地时，我们便可以将这种状态形容为“针对脊椎动物骨骼的预适应”。

这个例子看似惊人，然而在身体的历史中，进化的“初衷”与“最终成品”作用迥异绝不是什么稀罕事。我们甚至可以说，这才是进化的常态。我并不想乱用“预适应”这个略显晦涩的术语，不过新生的身体结构发挥了不同于“初衷”的作用，这在身体史中是一种非常普遍的情况。进化并不是从零开始创造出一种全新的动物，而是各种设计迭代经历自然选择的考验，将残存的元素拼凑起来的过程，所以动物的身体变迁颇有些“误打误撞”的味道。结果好就行，过程无所谓，甚至显得有些“随便”的进化，成就了整个物种的飞跃式发展——在地球的历史中，这种情况时有发生。

2-3 听音与咀嚼

听小骨入门

从没骑过马的人也有可能熟知马镫的形状。因为截至高中阶段，学生们会有好几次在课堂上接触马镫的机会，甚至无须实际骑过马。例如学习古文的时候，你肯定要提前了解武士平时经常接触的物件，于是便会看到绘有盔甲、马鞍与马镫的插图。哪怕你从来没有实际用过或亲眼见过那些东西，它们也会成为你知识储备的一部分。对于部分读者来说，通过初中或高中的理综教科书学习到“听小骨”（Ossicles）（图 12），就和认识马镫一样。就算没有亲眼见过装在马身上的马镫，是个人都能一眼看出，马镫的形状很符合它的用途。

下面这段话可以简单说明听小骨的作用：人类和哺乳类都会通过耳道深处的鼓膜捕捉空气的振动，以此感知声音。鼓膜就像一块摊开的布，尽可能接收着空气的振动，但这套机制还不足以感知最微弱的振动。这时就需要听小骨出场了。听小骨

图12　听小骨示意图。包括锤骨（小箭头）、砧骨（中箭头）和镫骨（大箭头）。这些骨骼非常小，需要用放大镜观察，却诉说着进化的经过，承载着浓缩版的人体史
日本国家科学博物馆渡边芳美绘制

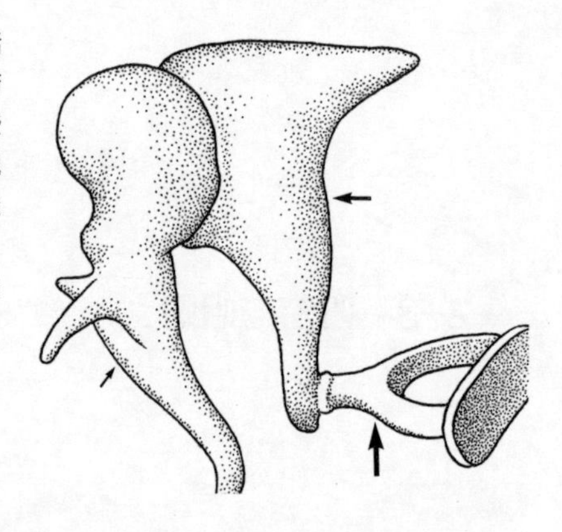

的各部分有着奇妙的形状，也因此得到了三个形象的名称——锤骨（Malleus）、砧骨（Incus）和镫骨（Stapes）。接收到鼓膜的振动后，它们会通过杠杆原理将其放大，传至内耳。内耳再将放大了的振动转化为淋巴液的运动，最后以电信号的形式传递给大脑。换句话说，声音原本只是空气的微小振动，而听小骨在声音转化为电信号的过程中发挥了重要的作用。

学校的课堂往往不会把鼓膜、听小骨、内耳的淋巴装置与进化联系起来。如果照着医科生需学习的知识要求去教听觉生理学，在台下听讲的学生自会机械地学习耳朵的功能，不会对人体的历史抱有丝毫的兴趣。事实上，在日本各类教育机构的课堂中，老师也只会把关于耳朵的内容讲成耳鼻喉科的基础知识，却对耳朵的历史变迁只字不提。

前不久，高中的理综课堂还出现了一种反常现象。教科书变

得十分单薄，再加上学习指导纲要的条条框框，导致老师们无法在课堂上教授关于进化和适应的内容。不提及进化的生物学，无异于达尔文登场之前的主日学校，不过是无聊的照本宣科。不过有趣的是，即便是在政府昏着频出的时期，很多学校的课堂仍会在讲听觉功能时提到听小骨。于是每逢期末考试，许多学生对耳朵的进化史一无所知，却要靠“知道耳朵听声音的原理”在考试中拿分。如此诡异的“教育”横行于世，是因为这样便能达成“理解关于耳朵的知识点”这一教育目标，政府、教师、补习班、学生和家长便能皆大欢喜。

理科教育一旦“只追求合理结果”，最先被删去的知识点必然是进化论。因为学习进化论对人们的生活没有立竿见影的用处，也没法靠它赚钱。如果医学院的讲师以“培养出能够治疗重听的医生”为“教育目标”，那么他们就没有必要教授我接下来要与大家分享的耳朵进化史。说句不中听的话，这些把教育定性为“目标”的医学院和兽医学校所教授的解剖学都是愚蠢和无聊的，无一例外。在医生将“培养下一批医生”这一合理目的写入培养方案与教学大纲的那一刹那，进化论的观点就会被彻底排除在人体教育之外。

我想通过本书嘲笑世间的这类愚昧行为，同时带领大家解读身体的历史。说不定，学习赚不了钱的进化论能给读者朋友们带去一段无与伦比的幸福时光。糟糕，扯远了。

应付一时的进化

那么，耳朵走过了怎样的历史呢？我们可以说，耳朵经历了极致的设计迭代，经历了失误中的失误，经历了只为应付一时的进化。先看看听小骨的上一个版本吧（图 13）。这是鳄鱼的头部。爬行动物的头部和我们的耳朵有什么关系呢？原来，听小骨源自爬行类的头部零件，而且还是下颌的一部分。其中，锤骨在爬行类阶段称“关节骨”，位于下颌后方。砧骨称“方骨”，位于上颌后方（图 14）。在爬行类身上，关节骨和方骨相连，形成了上下颌的“铰链”。

请大家注意，鳄鱼本身并不是哺乳类与人类的祖先，但我们哺乳类的听小骨确实来源于古老伙伴的颞下颌零件。我们的

图 13　从右侧观察鳄鱼的头骨。鳄鱼是颞下颌关节最清晰可辨的爬行动物之一，是研究耳朵进化史的绝佳教科书
日本国家科学博物馆藏品

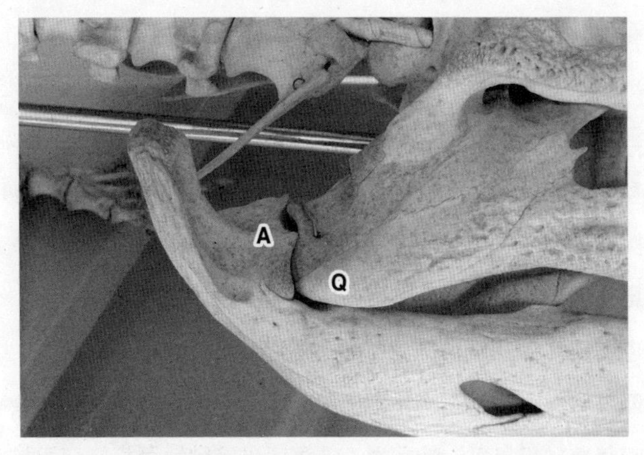

图14　图13的颞下颌关节放大图。上颌的方骨（Q）与下颌的关节骨（A）构成了颞下颌关节的铰链。在哺乳类一脉，这两块骨骼被卷入了进化史的旋涡，悄然演变
日本国家科学博物馆藏品

耳朵如何实现了这种不拘常规的进化呢？

现今的主流学说认为，哺乳类有必要在提升听觉的过程中强化听小骨。相较于现代的陆生哺乳类动物，远古时期的陆生脊椎动物的头部更接近地面，例如之前提到的鳄鱼。众所周知，鳄鱼的头部很低，几乎能擦到地面。它们不需要费劲捕捉空气的微弱振动，听音时只要将下巴贴在地面上，就可以直接通过地面感知外界的振动。比如，它们无须借助空气，就能感知到其他生物靠近自己的脚步声。若能将地面的振动直接传递至头部，内耳自会将信号传递至大脑。当然，用这种方法很难清晰地辨识人的语音，但这样就无须配备鼓膜与听小骨这种高性能

的零件，也足以收集生存所需的最低限度的信息了。

问题是，哺乳类的耳朵和颅骨都被抬高了，远离了本该接触到的地面。无论是狗、鹿还是老鼠、猴子，都不会像青蛙、乌龟、鳄鱼、蜥蜴那样匍匐在地，把头贴在地上。也许这与哺乳类的四肢结构有关。因为学界认为，哺乳类为了跑得更快或者更熟练地爬树，需要将四肢垂直竖于身体下方。想必大家都知道，鳄鱼的四肢位于身体的正侧面。相较之下，貉、牛、熊的四肢显然更接近垂直于地面的状态，而且它们的身体和头都比鳄鱼高。于是乎，哺乳类无法再通过接触地面直接获取与声音有关的信息，不得不贯彻通过空气收集信息的策略，听小骨就此登场。凑齐三种听小骨，便如同配备了高性能的扩音装置，能敏感地捕捉到最细微的空气振动了。

被盯上的颌骨

讲到这里，我们有必要格外关注哺乳类听小骨之一的“镫骨”，给予它不同于其他两种听小骨的对待。当我们的祖先还是鱼的时候，镫骨被称为“舌颌骨”，是舌弓（在鳃前支撑颞下颌的部位）的一部分。在大约 3.7 亿年前，脊椎动物纷纷登陆。它们的头部骨骼因此被改造了，而这块舌颌骨演化成了所谓的镫骨。人们目前还无法确定镫骨是从什么时候开始对听觉做出贡献的，不过它存在于内耳形成的部位，位置极好，非常适合将外界的振动传至内耳。

无论如何，镫骨作为听觉器官一部分的历史显然要比其他两种听小骨长得多，毕竟后者直到哺乳类出现才首次登台亮相。早在生物进化至爬行类的阶段，镫骨就已经在鼓膜内部完美扮演了放大器的角色，作为一种“为听清声音服务的骨骼”发挥了足够的作用。至于鼓膜，动物们似乎各自“发明”了独家的款式，所以在本书中，我就不深入探讨鼓膜的历史了。大家只需要理解“镫骨的来历不同于砧骨与锤骨”即可。

实际上，大多数爬行动物应该可以单靠镫骨听清声音。不过，这样的听音能力无法让它们中的一部分“满足”，这里指的就是我们哺乳类的祖先。我们的远古祖先想要有第二块、第三块听小骨，以便听得更清楚，但它们不能无中生有。进化只得再次仰仗设计迭代，漫无计划地寻觅材料，赋予其新的功能。在这种情况下，将这场设计迭代形容为“暴举”也不为过。2 亿多年前的早期哺乳类相中了当时还是颞下颌关节铰链的关节骨和方骨。它们从颞下颌关节“挖”来这对铰链组合，送入耳朵深处，如愿强化了听小骨的功能。经过大约 5000 万年的演化，早期哺乳类将原本位于上颌一侧的方骨改造成了砧骨，将下颌后端的关节骨改造成了锤骨。

把耳朵附近的颞下颌关节骨骼用作改造耳朵的新材料——设计高性能机器的工程师绝对想不出这样的“创意”。我们恐怕无法从祖先那野蛮粗暴的形态改造中找出任何坚定的理念。硬要给“相中颞下颌关节作为改造耳朵的新材料”找个理由，唯一说得通的就是“颞下颌关节铰链与耳朵深处近在咫尺”。

于是，我们体内又多了一个作用全然不同于“初衷”的零件。关节骨和方骨原本只是头部的一部分，只是连接上下颌骨的重要部件。随着时间的推移，它们竟被封入了耳朵的深处，化身为杠杆，为捕捉鼓膜的轻微振动服务。进化总能像这样淡定地干出意料之外的事情。而且这场进化的结果是巨大的成功，完成改造后的耳朵成了不可或缺的听觉器官，为哺乳类 2 亿年来的生存和发展贡献良多，持续履行着重要的使命。

大获成功！结果是好的就行

从颞下颌关节挖来“能干”的零件升级听觉器官固然好，可是长此以往，下巴缺了零件的哺乳类岂不是无法咀嚼了吗？没有关节的下巴，成何体统。所以，哺乳类在调用颞下颌零件的同时，通过又一次的设计迭代成功创造了全新的颞下颌铰链（图 15）。

换句话说，构成你的颞下颌关节的零件，完全不同于鳄鱼等爬行动物。哺乳动物的颞下颌关节是用鳞状骨代替了方骨（上颌），齿骨代替了关节骨（下颌）。那么，哺乳动物的新关节是用什么构成的呢？答案简单得很。

鳞状骨和齿骨是颅骨与下颌骨原有的组成部分。鳞状骨也是通常被称为“颞骨”的骨骼的一部分，说白了就是“收纳大脑的颅骨空间侧面的部件”。顾名思义，齿骨是安放牙齿的地

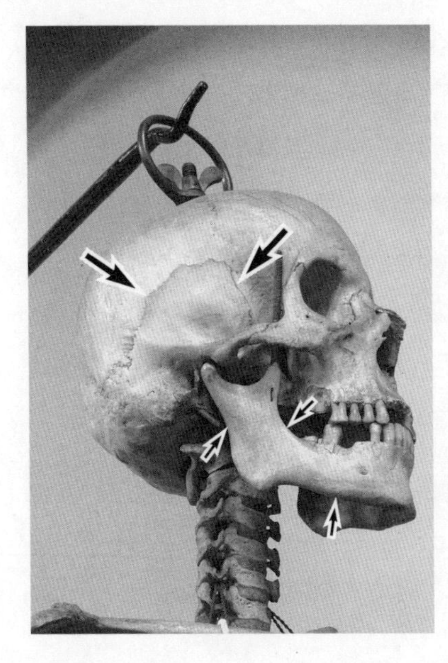

图15　人类的颞下颌关节。关节的铰链由上颌侧的鳞状骨（颞骨，大箭头）和下颌侧的齿骨（小箭头）组成。同为颞下颌关节，但是构成关节的部件完全不同于鳄鱼等相对古老的脊椎动物
日本国家科学博物馆藏品

方。它历史悠久，在下颌中占有非常大的比重，是一块重要的骨骼。哺乳类调用了铰链专用骨骼以强化听觉，并改造了颅骨和下颌骨的一部分，将其用作新的铰链。关键在于，这两项进化必须在差不多的时间进行。毕竟动物需要不断地咀嚼进食以维持生命。强化听觉固然重要，下巴的铰链却是一刻都缺不得。

进化颞下颌关节就这样大功告成了，而它的用法与锤骨、砧骨一样不拘一格。毕竟颞骨原本是为了保护大脑的侧面而存在的，齿骨则是长下牙的地方，两者却在不知不觉中被用作铰链。不过它们不仅没有造成任何问题，还通过持续的进化与多

样化，发展成了出色的铰链，为哺乳类拥有多种咀嚼方式扫清了障碍。解剖学界甚至流传着这样一种说法：“哺乳类是会咀嚼的脊椎动物。”哺乳类的新型颞下颌关节就是如此灵活多变，可以高效咀嚼各种食物。管它是设计迭代还是误打误撞，反正哺乳类对下巴和耳朵的改造获得了空前的成功。

从今往后，各位不妨在就着下午茶啃米饼或者放 CD 听曲子的时候，回过头去品一品自己身体的变迁史。你下巴的关节和耳朵深处的小骨头，都发挥着祖先们始料未及的作用。多亏了这些拼拼凑凑的零件，你才能以自己的方式见证地球史的须臾。

如何拥有上下颌

说完了耳朵和颞下颌关节，不妨借着这股势头，再回溯 2 亿年左右。在探讨听小骨和颞下颌关节之前，先研究研究我们嘴巴周围的上下颌究竟是怎么来的吧。

在我们熟知的脊椎动物里，不乏至今没有配备上下颌的物种，比如七鳃鳗与盲鳗。它们被称为“无颌类”（Agnatha）。无颌类当然有嘴，但那只是开在身体顶端的一个洞，其周围并没有上下颌那样的“框架”，所以这样的嘴无法完成“咀嚼”的动作。这意味着它们难以粉碎食物或是一口咬住体形较大、移动速度较快的猎物。

那它们要如何拥有上下颌呢？第一阶段的目标，是在嘴巴周围设计一套牢固而灵活的框架。当然，若能在框架上装备几排牙齿，十分有利于生存的部位便大功告成了，咬住猎物、粉碎食物都不在话下。早在脊椎动物诞生之初，口孔就是位于头部侧边的“筒”，所以要打造上下颌，就必然会演化出“从周围覆盖头部侧边”的结构。回顾历史，脊椎动物也确实采用了这项策略。在这个阶段，脊椎动物再次使出拿手好戏设计迭代。

请大家先在脑海中想象“没有上下颌”的初始状态。想象不出来的朋友不妨参考七鳃鳗的模样。想看活的七鳃鳗，可以去中药铺逛逛，有些店家会把养着七鳃鳗的水缸放在店门口招揽顾客。对这些没有上下颌的生物而言，嘴巴后方不远处的结构当然是鳃。它们头部后方的八个圆点并不是眼睛，而是鳃孔。养鱼的朋友会问:“鳃盖行吗？那样我家水缸里的金鱼和鲤鱼也有啊！”对照家里的鱼儿也是可以的。金鱼当然已经具备了上下颌，但是观察它们，也有助于理解我接下来的阐述。

学界认为，古老的鱼类在打造上下颌的时候，就相中了鳃的一部分。当然，上下颌是与颅骨相连的大型结构体，所以人们还无法确定上下颌的所有组成部分是否都出自鳃。未来的分子系统发生学应该能为我们揭开上下颌的起源之谜。尽管如此，鳃结构无疑参与了上下颌的形成。鳃是鱼类从水中摄取氧气的器官。换句话说，鳃是呼吸器官。

为保险起见，还是有请上一章的大明星烤秋刀鱼上台谢幕吧（图 16）。我把餐桌上的时间倒回了比图 11 稍早一些的阶

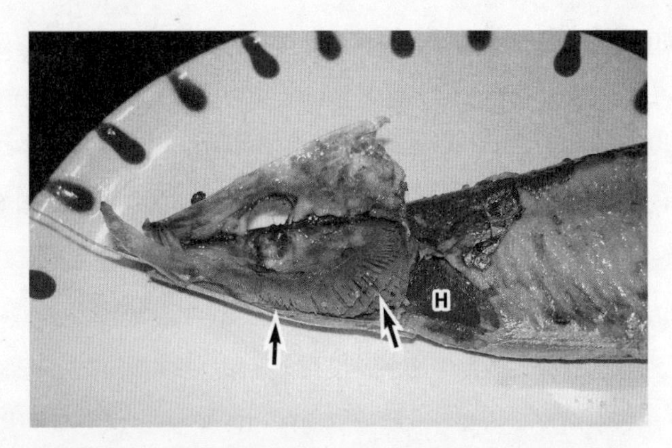

图 16　图 11 的秋刀鱼，鳃（箭头）尚未被破坏，左侧的头部表层与上下颌已被撕开。可见鳃由略带弧形的骨骼构件支撑，与下颌处于同样的位置，也呈现相似的形状。看来鳃周围的结构是创造上下颌的绝佳材料。H 为心脏

段。虽然下巴已被破坏，但我还没有为了暴露整颗心脏撕开鱼鳃。所以在这张照片中，整颗心还藏在鳃的后面。

鱼被烤过之后，鳃呈暗粉色。图中的锯齿状凸起物就是鳃。鱼将用嘴吸入的水导入鳃，摄取水中的氧气。问题是，整个鳃是以怎样的形式存在于何处的呢？

鳃由若干个部分组成，其中将氧溶于血液的部分当然是血管密布的柔软组织，但是放眼整个鳃的结构，你就会发现这个柔软的部分有骨架支撑，而且骨架具有一定的强度。我们将支撑鳃的骨架部分及其形成的整块组织称为“鳃弓”。

请大家参考图 16，观察鳃周边的结构。不难发现，在眼睛下侧呈弧形延伸的鳃，是支撑着复杂的鳃结构的柱子。在成鱼

身上，撑起鳃的高强度支撑结构就是与鳃弓相当的部分。如果觉得“鳃弓”一词晦涩难懂，替换成“鳃的周边”也无妨。

想象力丰富的读者可能已经注意到了。鳃弓位于眼睛后方靠下的位置。不远处就是用来吸水的嘴。换句话说，鳃弓的位置几乎就在下颌的后方，连形状都与下颌有几分相似，不是吗?

拿烤秋刀鱼打比方尽管简单粗暴，不过这种秋日美味可以直观地展现出“鳃与下颌的形状相似，位置相近”，倒是绝佳的教材。

借鳃一用

请大家想象一下脊椎动物还没有上下颌的时候。嘴是有的，却没有控制嘴巴开闭的上下颌结构。放眼嘴巴周围的区域，只见历史比上下颌悠久得多的鳃弓（鳃）占着位置。为了高效摄取水中的氧气，鳃分布于左右两侧，由多层同样的结构组成。如果鳃弓的前端，也就是靠近嘴巴的部分形成了某种铰链，可以通过肌肉随意开闭的话……

有没有牙齿并不重要。一旦拥有这样的铰链，动物的嘴巴周围岂不是多了一扇可以开合的门? 嘴巴上下各有一扇门板，开闭自如。上下颌结构的上半部分与原本就有的颅骨融为一体，形成上颌骨。专业术语称为“腭方骨”，是头的组成部分。至于下半部分，利用鳃弓的零件，朝下颌演化即可。

我在上一段写了“有没有牙齿并不重要”，但只要发展到这一步，再在上下颌的边缘配备锋利的牙齿就完事了。至于“为什么能在那个部位装备牙齿”，这是一个很难回答的问题，不妨暂时搁置。总之，由鳃弓的零件构建的下颌通过铰链与上颌构成关节。配上控制其自如开合的肌肉，“有上下颌的鱼”就大功告成了。

不知大家还记不记得，鳃是一种参与呼吸的器官。换句话说，构成呼吸器官的鳃弓，竟变成了上下颌这一咀嚼器官的一部分。这又是一场疾风骤雨般的设计迭代。用设计迭代来形容已经很给面子了，要知道这样的演变未免也太难为鳃了。毕竟鳃本是呼吸器官，把这样一个东西用于咀嚼着实牵强。如果条件允许，还不如从零开始重新设计，这样也许能孕育出强大得多的咀嚼器官。

不过，我们不该对蛮干的设计师口诛笔伐。更令人惊奇的其实是脊椎动物的原始设计，它是那样灵活机动，甚至可以通过大幅度的设计迭代获得新的功能。我们甚至可以说，多亏文昌鱼打下了坚实的基础，我们的身体才能淡定地做出如此巨大的改变。正因为基本设计出色至极，个别的、局部的设计迭代（比如将呼吸器官的一部分改造成上下颌）才有可能实现。

迷惘的痕迹

“鳃的支撑结构演化成了上下颌”是一种经典学说，这个主题本身也在学界引发了旷日持久的争论。例如，七鳃鳗等无颌鱼的鳃和普通有颌鱼的鳃是否有同样的来历（即“同源”）？科学家们认为这是一个重要的问题。事实上，七鳃鳗的鳃弓和有颌鱼的鳃弓在“如何支撑鳃的柔软部分”这一点上存在很大的不同。因此有科学家产生了怀疑，认为我们不该轻易认定各种动物的鳃具有同源性。

此外，“鳃周边的结构”也是一个宽泛的概念。参与鳃结构形成的若干基因的表达模式很复杂，简单粗暴地说“整个鳃弓演化成了上下颌”，那就是对事实的过度简化。也有人提出，七鳃鳗和其他无颌脊椎动物体内的缘膜（往鳃送水的泵）才是日后的上下颌的同源物。

仔细观察七鳃鳗等无颌鱼的身体，你就会发现“上下颌源自鳃弓”这一经典学说漏掉了一个关键点：对比无颌脊椎动物的前后鳃弓，便知早在无颌类的阶段，离嘴近的“鳃弓”在形状上已与后方的鳃弓有所不同。因此我们可以指出，即便真是嘴附近的鳃演化成上下颌，演化的那部分恐怕也是本就不同于鳃的元素。

虽然存在若干漏洞，但“鳃弓周边的结构多多少少参与了上下颌的创造”这一学说确实说中了许多要害。在进行升级迭代的过程中，身体虽然受到了祖先的强大制约，却也会利用祖先的身体素材获得新的形态与功能——大家不妨带着这样的思路回顾进化史。我保证，如果各位读者能将设计迭代与调整设计图看成“历史的心血来潮”，品味其中的乐趣，大家对进化的理解就不会与事实偏离太多。

看到这里，不知大家有没有察觉一个重大的问题。如前所述，我们人类的听小骨源自祖先动物的颞下颌关节。原属于颞下颌关节的方骨和关节骨在设计迭代的作用下无限期“出借”，演化出了砧骨与锤骨。若将时针拨回 4 亿年前，上述颞下颌关节元素极有可能是与鳃弓有关的零件。这岂不是意味着，鳃的一部分演变成了上下颌，而上下颌的一部分又演变成了耳朵深处的零件？换句话说，听小骨在过去的 5 亿年里变换了三种功能。它原为呼吸器官，在有颌鱼阶段变为咀嚼器官，到了哺乳类阶段又发展成了感觉器官。

当然，围绕鳃弓的出现与中耳进化史的争议也是层出不穷。也许随着研究探讨的深入，科学家会给出全然不同的解释。但我们至少可以肯定，鳃、下巴和耳朵走过的路离不开一次次相当复杂的设计迭代，堪称脊椎动物迷惘的痕迹。

2-4 得到四肢

手脚的诞生

其实我们身体的每一个部位都是东摇西摆地走到了今天，迈出的每一步都很不稳当。看到这里，想必大家已经逐渐认识到了这一点。没错，身体的历史绝非节节高升的励志故事。迎着裁员与经济衰退的浪潮辗转跳槽，拼命维持生计，同时在自己的岗位切实履行职责……也许如此形容我们身体的各个部位所经历过的一切才比较贴切。

之前聊的都是和头部有关的话题。接下来，让我们把视线投向远离头部，但也非常重要的部位——四肢。无论是走路，还是在办公室敲击键盘，你都会用到它们。

据说跟弹涂鱼似的在干涸的地面爬来爬去的鱼，非常接近刚登陆没多久的脊椎动物的初始状态。在陆地活动时，没有四肢肯定多有不便。那么，我们的祖先是如何在这般窘境之下进化出了四肢呢？我想试着回答这个问题。

四肢诞生的经过不如“用下巴的零件升级耳朵”那么明确。因为身体无法像强化耳朵那样，就近选出方便好用的素材，迟迟物色不到适合改造成四肢的材料。

不过多亏了留存至今的化石，我们可以在一定程度上追溯四肢形成的过程。那大概是3.7亿年前的事情。要研究那个时代，有两种动物是无论如何都绕不过去的，那便是真掌鳍鱼（Eusthenopteron）和鱼石螈（Ichthyostega）（图17、图18）。下面就请它们隆重登场吧。前者有潘氏鱼（Panderichthys）这位著名的亲戚，后者则是棘螈（Acanthostega）的同类。在2006年引起轰动的提塔利克鱼（Tiktaalik）① 几乎与它们活在同一时期，处于即将演化出四肢的阶段。

其实我们更加难以想象的，并不是以四肢在陆地行走的开山鼻祖鱼石螈，而是离演化出四肢只差一步的真掌鳍鱼。图17中的真掌鳍鱼外形潇洒，“鱼”味十足。就算有人告诉你，它是一种特殊的动物，已为登陆做好了充分的准备，你怕是也瞧不

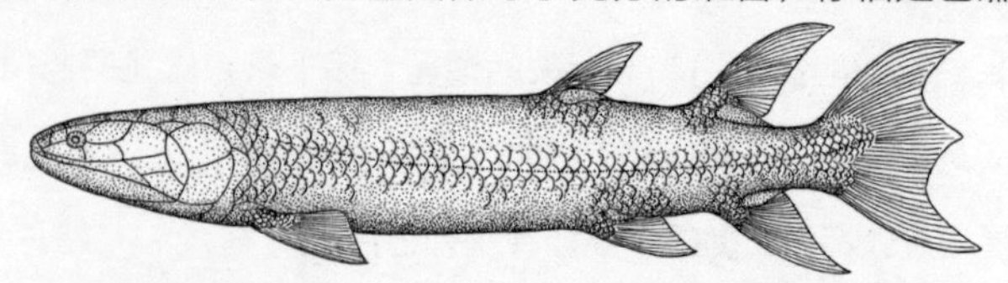

图17　真掌鳍鱼复原图。在4亿至3.5亿年前，真掌鳍鱼等部分鱼类派生出了拥有四肢的分支群体。脊椎动物即将登陆时就是这般模样
日本国家科学博物馆渡边芳美绘制

---

① 提塔利克鱼被认为是介于鱼类与两栖类之间的物种，在四足类生物中的地位堪比始祖鸟，是过渡性生物的经典范例。

图 18 鱼石螈复原图。最古老的四足动物之一。真掌鳍鱼与它的“距离”应该不是很远

日本国家科学博物馆渡边芳美绘制

出个所以然来。无论把图拿给谁看，他都会觉得那是一条像模像样的鱼。殊不知，真掌鳍鱼那成对的胸鳍与腹鳍中，暗藏着具有划时代意义的部位。

真掌鳍鱼及其同类的胸鳍和腹鳍内部，具备了以中轴为中心的放射状骨骼。大家可以观察一下常见的普通鱼类，比如活的金鱼或者烤秋刀鱼。它们的鳍由许多近乎平行的细柱组成，覆盖着一层软膜。但真掌鳍鱼的鳍有发挥着中轴作用的骨骼，若干块小骨骼发散生长在其周围（图 19）。更为关键的是肌肉——据推测，真掌鳍鱼的鳍骨间分布着错综复杂的肌肉。这些肌肉可以调整骨骼之间的位置关系，改变鳍的形状，甚至能使整片鳍旋转。

事实上，真掌鳍鱼的鳍骨间分布着大量的肌肉，十分厚实，与普通鱼类那薄薄的扇形鱼鳍大为不同。学术界给这类鱼取了一个颇有品位的名称——“肉鳍类”。科学家认为，它们与我们常见的鱼类的亲缘关系较远（准确地说，两栖类、爬行类、哺

图19　真掌鳍鱼（图17）胸鳍骨架复原图。骨骼以中轴为中心展开。据推测，真掌鳍鱼活着的时候，骨骼间长有肌肉，能像后来的动物那样巧妙控制骨骼的运动
日本国家科学博物馆渡边芳美绘制

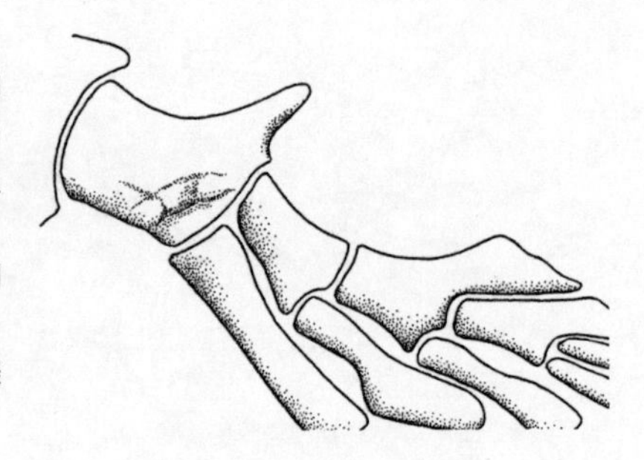

乳类等拥有正经四肢的脊椎动物都算广义的“肉鳍类”，不过为方便起见，肉鳍类在本书中特指拥有肉质鱼鳍的鱼类）。

接下来发生了什么呢？先说结论：这种具备了骨骼和肌肉的鳍应该能不费吹灰之力地演化成支撑体重的四肢。虽说肉鳍类动物的鳍配备了骨骼，但肩部、腰部等部位的结构都还没有成形。不过，只要鱼鳍拥有了用坚硬的骨骼制成的中轴，它们就有可能以鳍为支柱，将身体拽出水面，登上陆地。弹涂鱼就是个绝佳的例子。它们不属于肉鳍类，鳍和身体的形态也不同于真掌鳍鱼，却也可以爬上干涸的岸边，在地面上移动。在那样的阶段历练数千万年，就有可能由肉质鳍演化出可以对抗重力、撑起体重、完成运动的四肢。

当然，现实中的真掌鳍鱼仍是彻头彻尾的“鱼”。即使鳍里有骨头，它也不会在陆地碎步行走。作为一种彻头彻尾的鱼类，真掌鳍鱼为什么需要在鳍内构建复杂的骨骼和肌肉呢？最大的谜团莫过于此。若能实际观察它们的泳姿，谜底便能揭晓。

可惜真掌鳍鱼类生物都灭绝了，没能在地球上存活下来，所以我们也无法亲眼见识这种高度发达的鳍发挥着怎样的作用。

奇迹般的发现

万万没想到，奇迹发生了。地球上竟然还存在最后一种拥有与真掌鳍鱼相似的鳍的鱼。我们唯一可以指望的，就是这种与我合影的奇异生物（图 20、图 21）。读者朋友们大概也听过它的名字——腔棘鱼。

目前已知的两处腔棘鱼栖息地离得相当远，分别位于西印度洋的科摩罗群岛（Comoro Islands）近海与印度尼西亚周围。尽管腔棘鱼的名字广为人知，不过细看之下，它的长相着实奇特。其实腔棘鱼是一个统称，泛指腔棘鱼目的多种鱼类。仅存的腔棘鱼拥有“Latimeria”这一响亮的学名，取自其发现者拉蒂迈（Latimer）。不过考虑到读者朋友们恐怕不太熟悉拉丁语学名，我还是继续用“腔棘鱼”这个叫法吧。

首先请大家注意，带着四肢登上陆地的并非腔棘鱼本身。之前提到的真掌鳍鱼和最早生出四肢的动物之一鱼石螈，和腔棘鱼也没有直接的亲缘关系。它们更像是表亲或者远房亲戚，虽然相似，却不完全是同类。腔棘鱼不是真掌鳍鱼的直系后代，但其重要性丝毫不受影响。这是因为真掌鳍鱼与鱼石螈的同类在很久以前就已完全灭绝，除了研究化石外，没有其他研究它们的办法。但腔棘鱼不然，我们可以亲眼看到有血有肉，鱼鳍

图 20　我与腔棘鱼（西印度洋矛尾鱼，Latimeria chalumnae）标本。摄于马达加斯加塔那那利佛大学走廊。这种奇妙的鱼生活在科摩罗联盟（Union of Comoros）近海，离马达加斯加不远

照片由塔那那利佛大学提供

图 21　图 20 标本的胸鳍特写。虽是鱼鳍，却肉质厚实，让人联想到陆生动物的前肢

照片由塔那那利佛大学提供

也能活动的活体腔棘鱼。

人们一度以为腔棘鱼和真掌鳍鱼一样，早已灭绝，坚信最后一批腔棘鱼生活在白垩纪，和恐龙一起走向了灭亡。直到 70 多年前，也就是 20 世纪 30 年代，科摩罗群岛才证实了腔棘鱼的存在，并向学界报告了此事，其爆炸性程度比起“暴龙和三角龙还活着”都有过之而无不及，有着彻底改写脊椎动物研究史的分量。

一部探测器到达原本只能用望远镜远距离观察的行星（好比土星、天王星或者小行星），以一己之力推翻了整整一个世纪的研究成果——在行星科学领域，这样的事情确确实实发生过。腔棘鱼的发现，无异于化石复活，其意义同样是如此重大。

又一场设计迭代，又一次误打误撞

腔棘鱼就这样登场了。后来，人们借助潜水艇成功观察到了活体腔棘鱼的泳姿，了解到这种带骨鱼鳍的功能，进而催生出关于“脊椎动物四肢起源”的重要观点。因为人们在潜水器上拍到的活体腔棘鱼视频显示，它们能灵活操纵鱼鳍，对自身的运动进行精密的控制。在洋流之中，它们能以复杂的动作旋转鱼鳍以保持自己的姿态，堪称“悬停”（hovering）。它们在海里时而静止，时而以极慢的速度做出一系列精细的动作，可谓灵活自如。

我在之前的部分提过“预适应”这个概念。用这个词来形容腔棘鱼的泳姿真是再合适不过了。不难想象，当年的真掌鳍鱼肯定也像科摩罗海域的腔棘鱼傲然展示的那样，灵活地摆动带骨的鱼鳍，在水中做出其他鱼类无法做到的动作，比如控制自己的姿态或更加复杂的泳姿。这种灵巧而特殊的身手也许能在觅食或躲避敌人时派上用场。可见，即使带骨鱼鳍没有进化成可以在陆地上行走的完美四肢，它们在水中也能发挥有意义的作用。

这又是一次设计迭代与误打误撞。4 亿年前的鱼类并非为了在陆地上开疆拓土才开发出带骨鱼鳍。它们只是需要在水里做些稍微有点复杂的动作罢了。为了满足这种需求，真掌鳍鱼等肉鳍类碰巧选择了带骨架的精巧鱼鳍——也许事情就是这么简单。谁知这鱼鳍竟是一种神奇的部件，可以在数千万年后轻易制造出拥有无限潜力的“四肢”。当真掌鳍鱼在某片海域创造出那略显怪异的鱼鳍时，它们的子孙后代就拥有了在陆地上行走的光明未来。在绘制出可制造悬停的鱼鳍图纸的那一刻，它们距离拥有原始版本的掌握陆地霸权的四肢便只有一步之遥了。

20 世纪 90 年代以来，科学家们在分子系统发生学层面不断研究“古代脊椎动物是如何将鳍改造成四肢的”。主要的研究方法是找到生成手臂、手腕和手掌的基因。例如在 90 年代中期，科学家用小鼠进行了反复实验，以事实证明“一旦阻断疑似参与四肢进化的特定基因的功能，手臂骨骼就不会形成”。这是最基本的、教科书式的研究方法。

发生学的数据能把古生物学证据与分子生物学联系起来，十分有趣。在基因功能层面，人们已经对四肢进化的过程有了相当程度的了解。我的人生意义是用我的眼睛和双手发现新的事实，但我确信，一个用镊子和刀具处理遗体的人接触到分子系统发生学前沿数据时产生的感动，恐怕会比一个寻常的发生学家强烈得多。因为我们会用眼睛仔细观察遗体，亲眼看、亲手触摸各个部位的形态，为了解它们倾注心血。毫无疑问，当我们看到自己全身心感受过的某种身体形态，其分子系统发生学理论基础被逐渐构筑起来时，唯有解剖者才能品尝到的独特快感便会降临。

四肢就姑且讲到这里。在本节的最后，我想再一次强调，你的身体是无比随意的设计迭代的产物。我的这份努力应该不会徒劳无功。大家不妨把手臂伸向天空，瞧上一瞧。要知道在大约 4 亿年前，你的手臂还在地球上某种即将从水里爬出来的怪鱼体内，还是那厚实得诡异的鱼鳍中的骨骼小零件，历经重重波折，它才演化成今天的模样。它绝非建立在更为精密的图纸上。

2-5　肚脐之史

乌龟的肚脐

众所周知，人至死都有肚脐。哪怕是百岁老人的遗体，也有清晰可见的肚脐，似乎在证明他在许多年前于母亲体内发育长大的岁月。肚脐这个东西，总能让人想起生育自己的“母亲”。它象征着以妊娠的形式养育下一代的哺乳类，也象征着母性，带着几分喜庆与吉利。

不过说来也怪，肚脐并非我们哺乳类的专利。乌龟也有如假包换的肚脐（图 22）。准确地说，爬行类和鸟类都有肚脐。如果你上小学和初中的时候理科成绩很好，看到这里大概会一头雾水。爬行类和鸟类明明是卵生的，也就是从蛋里孵出来的，照理说，宝宝和母亲之间绝不会以脐带相连。那龟宝宝身上的肚脐又是怎么来的呢？简直莫名其妙！

其实只需追溯脊椎动物的历史，就能找到明确的答案。早在“妊娠”这种现象出现之前，即胎生动物形成之前，肚脐就已经存在了。请大家再仔细观察一下龟宝宝的照片。想必大家都知道，我们哺乳类的宝宝挂着的脐带是一根又长又细的管子，形似电线，可是挂在龟宝宝肚脐上的分明是个松松垮垮的袋子，尺寸还挺大。不瞒各位，这个袋子就是所谓的“卵黄囊”。要是你懒得记晦涩的术语，把它理解成“鸡蛋的蛋黄”也无妨。换句话说，乌龟、蜥蜴、鸡、鸽子等生物的小宝宝的肚脐并非连着母亲，而是连着蛋黄。

请各位读者在此稍稍调整一下自己的常识或者说印象。可惜可叹，与肚脐挂钩的，并不总是温柔的“母亲”。对脊椎动物而言，肚脐的另一头不过是卵黄而已。像哺乳类那样，以脐带

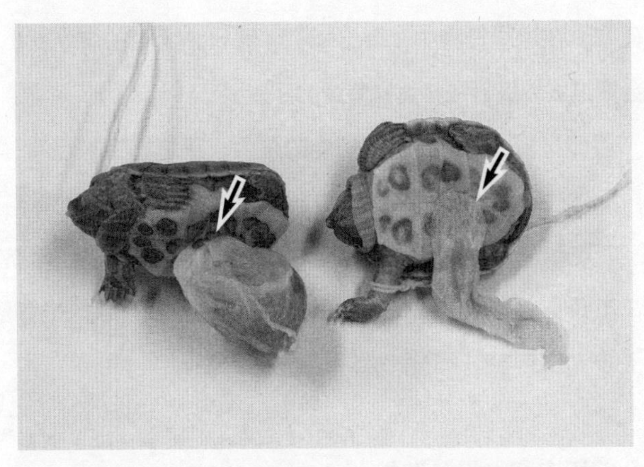

图 22　龟宝宝。龟壳长度仅 4 厘米左右。龟壳反面有正经的“肚脐”（箭头）。肚脐上挂着松松垮垮的袋子，好似放了气的橡胶气球。这些龟宝宝是药王纪香女士费尽心思收集的，她就读于东京水产大学时主要研究乌龟的胚胎学

将胎儿与母亲的子宫紧紧相连，其实并没有写在肚脐的初始设计图里。

硬要说的话，一看到肚脐就对母爱感慨万千，其实体现了人类对母性的特殊感情，是人为创造出来的感觉。从动物生存战略的角度看，只要能让宝宝平安长大就行了，肚脐的另一头不一定非要接在慈母身上。乌龟和蜥蜴就是非常典型的例子，被生下的蛋与它们的母亲显然是相互独立的。从蛋离开母体，来到外界的那一刻起，小宝宝们就开启了只属于它们自己的一生，与母亲走上了不同的路。所以蛋壳里有一样东西几乎备足了宝宝成长所需的全部营养，那便是卵黄囊。顺便一提，小宝宝的生命活动也会产生废物。例如，身体的成长离不开蛋白质的代谢，在这个过程中，会出现氨、尿素等含氮的废物。小宝宝会把这些垃圾丢进卵黄囊旁边的尿囊。

将卵黄囊、尿囊与宝宝相连的东西，正是脐带的起源。说得再具体些，连接卵黄囊、尿囊与宝宝的是血管，即动脉与静脉。成对动脉和静脉组成的粗电线状物体便是脐带。切断脐带后，腹部便会留下肚脐。换句话说，脐带说到底只是一根管子，用于连接宝宝与盛放营养物质和废物的袋子。

前所未有的设计迭代

也不知是怎么了，我们的远古祖先注意到了这套结构。对照历史年表，那应该是 2 亿年前的事情。生出来的蛋难免要沦为强敌的吃食，无法平安长大的可能性也不小。于是便有生物另辟蹊径，试图将卵留在体内，等到下一代发育到一定程度再生出来。这就意味着它们需要构筑一条“生命线”，方便母体为胎儿提供充足的营养和氧，也方便胎儿将废物送回母体。

读者们应该已经习惯这套思路了——哺乳类并没有从零开始设计出一条全新的生命线，而是再一次对手头的零件进行了前所未有的设计迭代。哺乳类祖先盯上的正是长久以来自主滋养着卵内幼崽的卵黄囊和尿囊。哺乳类使卵黄囊和尿囊尽可能退化，又把一个非常巧妙的结构“胎盘”（图 23）强行连到了胎儿身上，取代原先的营养来源蛋黄。换句话说，祖先为胎儿装备的胎盘类似电线的“插头”，用于插入替代蛋黄的母亲的子宫壁。

说到这里，大家肯定已经察觉到了：

在妊娠或者说胎生这套令人惊异的机制中，哺乳类发明的新“装置”只有子宫或者说胎盘。早在卵黄囊和尿囊形成、通过原版脐带与宝宝相连的那个阶段，基本设计就已经完成了80%。只需请不再必要的蛋黄“撤退”，“妊娠”的机制便大功告成了。

发明胎盘的过程也许是相当艰辛的。胎盘是一款复杂的“连接器”，连通了婴儿与母亲子宫的组织细胞。两者的血液与组织隔着一层“墙壁”相互接触，交换氧、营养物质和废物。虽是母子，但双方的细胞终究建立在不同的遗传学基础上。所以允许这两种细胞相互混合，并不间断地交换物质的机制着实神奇。不过，考虑到具有生命线属性的脐带早在爬行类的阶段就已经有了雏形，我们不得不说，它不过是对现有部位进行的小规模设计迭代的产物。说白了，就是把蛋黄换成了母体。

当然，完善的胎生机制一旦形成，煮鸡蛋时免不了要打交道的蛋壳便成了无用之物，在进化史上，让钙组成的蛋壳消失应该是一件非常容易做到的事情。我的孩子（图 24）也受惠于如此实现的设计迭代的产物，所以我要向脐带致敬。尽管它由寻常的血管演变而来，连龟蛋里都有。

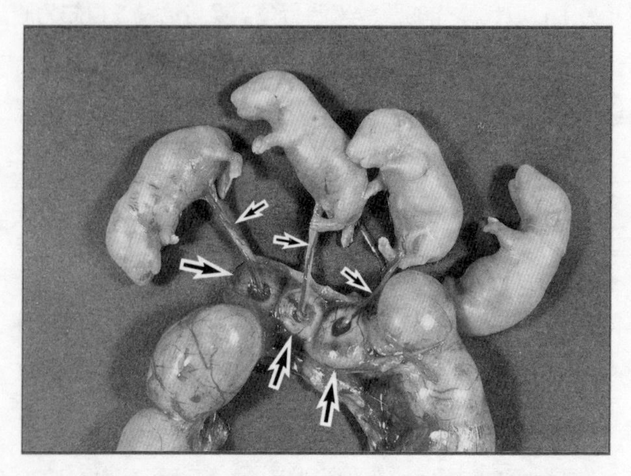

图 23　褐家鼠（大家鼠）的胎儿与胎盘（大箭头）。胎盘形成于被切开的子宫的内壁。连接两者的是脐带（小箭头）。脐带的另一头从蛋黄换成了形成于母亲子宫壁上的“胎盘”
转载自《哺乳类的进化》，东京大学出版会

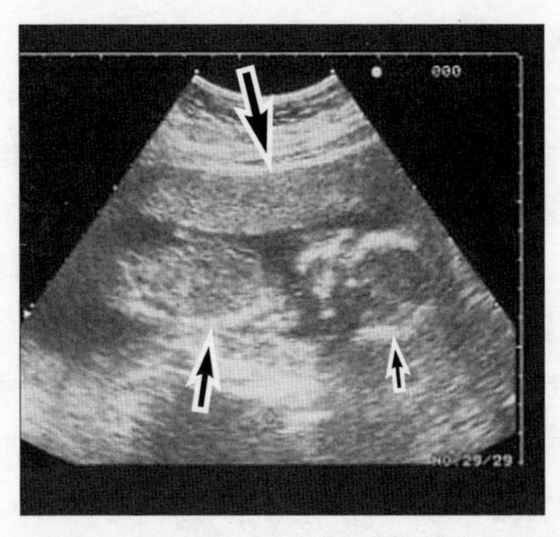

图 24　我女儿尚在母亲子宫内时拍摄的 B 超照片。当时从头部到臀部不过 20 厘米左右。小箭头指着脸，拍照时她似乎正面对着各位读者。中箭头指着躯干，大箭头指着胎盘周边

杰出的改造品

关于肚脐的形成，我还要稍做补充。在大约 3 亿年前，蛋迎来了革命性的突破，而这个突破也与肚脐有关。

首先，请大家回忆一下普通的鱼类和两栖类的卵有什么样的特征。在大多数情况下，这些动物的卵会被相当粗放地产入水中。换句话说，它们的卵是时刻置于水中的。反过来说，它们的卵不是照着干燥的环境设计的。问题是，爬行类之后的脊椎动物都是终生无须在水中生活的生物。爬行类和鸟类的卵无须完全浸泡在水里也能正常孵化，这一点与鱼卵有着极大的不

同，只是大家对这一点无知无觉罢了。

站在卵的角度来看，“让宝宝熬过干燥的时间”似乎是一道相当难过的坎。最终，它们费尽心思想出了一个绝妙的办法：羊膜。将宝宝封入名为羊膜的袋子，使其在袋中发育到一定程度。如此一来，胚胎阶段的卵水分离便有了实现的可能。换句话说，即使卵没有浸泡在水中，也只需把最要紧的宝宝装进“水囊”，就能防止宝宝干瘪死亡。这意味着脊椎动物在形成肚脐的过程中，还经历了“用羊膜把宝宝关在装满水的房间里”这一重大变革。我们也可以说，将动物从生到死彻底与水分离，将卵改造得无惧干燥的历史变迁，正是肚脐形成的先决条件。

既然聚焦了宝宝，那就顺道提一下乳腺吧。我们可以在鸭嘴兽和澳洲针鼹（Tachyglossus aculeatus）这两种奇妙的动物身上找到乳腺的起源（图 25）。大家可能听小学的理综老师讲过，这些生活在澳大利亚大陆和新几内亚岛的奇异生物是现存的哺乳动物中最为原始的一类。它们虽属哺乳类，却会下蛋。小宝宝出壳后，又会吸吮母亲那相当原始的乳腺。其实它们的乳腺也是一款杰出的改造品，不可小觑。用于改造的素材，正是祖先用来分泌汗液的汗腺。

“出汗”本就是通过分布于汗腺周围的细密血管，以汗液的形式将血液中的废物排到体外的机制。只需稍稍调整汗腺的设计理念，使其将营养物质而非废物分泌到皮肤表面，再让宝宝喝进肚里即可。只消这一步，便可形成乳腺，完全没有必要重

图25　用于研究的针鼹剥制标本。它们栖息于澳大利亚大陆和新几内亚岛等地，过着朴实无华的生活。它们有着奇异而滑稽的外表，却完成了“通过对汗腺的设计迭代创造乳腺，生成乳汁”的壮举
日本国家科学博物馆藏品

新发明某种分泌营养物质的部位。事实告诉我们，鸭嘴兽不费吹灰之力就开发出乳腺的雏形。当然，它们的乳腺结构还很简单，而鼠、狗与人类的乳腺功能显然要强大得多，能分泌出大量营养丰富的乳汁。但这个例子充分体现出，“借用祖先的结构创设新功能”是脊椎动物的惯用手法。进化就是这样漫无计划，读者朋友们应该也已经见怪不怪了。

2-6 为了呼吸空气

打破左右对称

我们的身体经历过反反复复的改造。本节的主角是肺。学校和工作单位的定期体检都要给它拍 X 光片。先看看实物吧。这是猪肺的干制标本。首先是容易看到心脏的角度（图 26）。如果这头猪还活着，这个角度就相当于从地面仰望它的胸部。考虑到大多数读者恐怕并不熟悉猪的器官，“稀奇”可能是大家看到插图时的第一印象。不过对照本章的主题，即“进化 = 设计迭代”，这个构图其实非常耐人寻味。图中的心和肺看起来很不对称，不是吗?

看到这里立刻联想到比目鱼的读者，性格怕是有点古怪。无论如何，脊椎动物的外形通常都是左右对称的，各位在高中肯定也学过这个知识点。早期的脊椎动物确实是相当标准的对称体。在现存的生物中，鲨鱼堪称典型。若沿身体中心的“正中线”将大多数鲨鱼的身体一切为二，就能得到几乎完全对称的两半身体。至于上一章提到的原索动物，如文昌鱼和皮卡虫，就更是无懈可击的对称体了。但事实上，很多脊椎动物经过反复的设计迭代和改造，最终形成了非常不对称的身体，剥开皮肉一看，可谓乱七八糟。最典型的例子，就是哺乳类等高等脊椎动物的胸腔器官。

在小学与初中阶段，老师会告诉你，“心脏有四个心室，左右各有两个”，但这并不意味着心脏可以对等分割为左右两边（图 26）。左心大而有力，右心却十分单薄，仿佛“寄人篱下”。从这个角度看，能看到一道斜沟，那便是动脉。这道沟，正是大致划分心脏左右两侧的界线。换句话说，心脏被设计得歪歪扭扭，仿佛是心血来潮的产物，并非左右对称。在这个角度下，我们可以清楚地看到，左右两肺的形状也有很大的不同。肺由多个形似树叶，因此得名“肺叶”的部分组成。如图所示，左右两边的肺叶数量、形态与大小都完全不同。

再绕去背面看看（图 27）。由于心脏本身是歪斜的，从心脏的左心室升起的主动脉也受到了牵拉，严重偏斜，在颈部和前肢区域以左右不均匀的方式分叉后，又沿身体左侧走向了后方。为什么我们哺乳类的身体非要如此打破左右对称不可呢？

当然，在脊椎动物长达 5 亿年的历史中，心脏并非唯一打破左右对称的部位。然而，心肺那不均匀的形状，似乎正向我们诉说着被改造的历史。事实上，脊椎动物摄入氧气、循环血液的策略，正是接连打破身体的对称性，东拼西凑，不断改

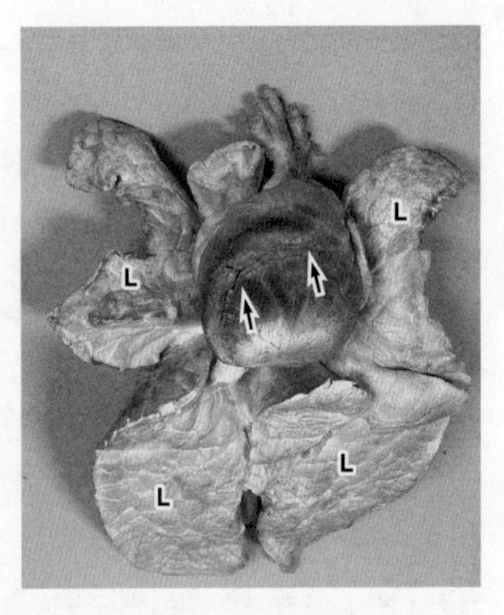

图 26　从心脏一侧观察猪的胸腔器官。心脏上有一道斜沟（箭头），是动脉。左右完全不对称。组成肺部的若干肺叶（L）也不对称，似将心脏团团围住。这是用真器官制作的干制标本
图片由日本大学生物资源科学部木村顺平博士提供

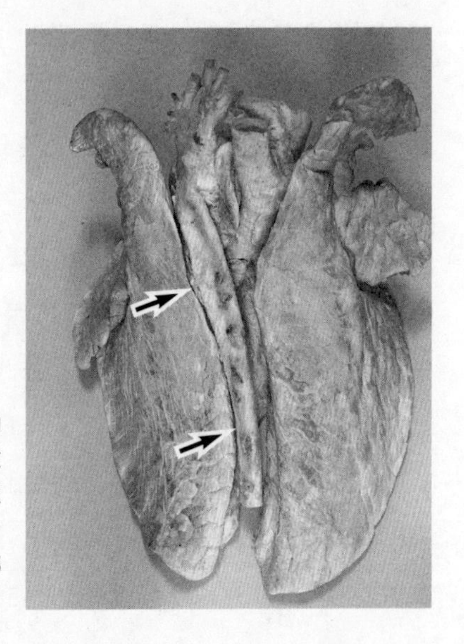

图 27　从猪的背面观察图 26 的器官。主动脉（箭头）沿身体左侧行进。哺乳类似乎只采用了祖先动脉的左侧部分
图片由日本大学生物资源科学部木村顺平博士提供

良实现的结果。这场走向左右不对称的设计迭代，甚至可以用“诡异”来形容。下面就以肺为例，看看我们的身体是如何进行这般乱七八糟的改造的。

本是累赘

说起肺的由来，各位读者可能在小学、初中的课堂上接触过“鳔”这个概念。鳔本身是鱼的比重调节器。往鳔里充气，鱼就容易浮起来；排出鳔里的空气，鱼就会下沉。尽管在实际操作时，鱼类往往不会选择这条烦琐的路，而是用更直截了当的办法，以鳍游向水面或水底，但无论如何，“用这种器官调节比重”还是大有文章可做的。负责充气与排气的是分布在鳔周围的血管。聪明的读者可能已经注意到了，“利用血流实现空气的进出”这一功能，与后来陆生动物的“肺”异曲同工。

正如在提及汗腺时阐述的那样，汗腺的功能（将血液中的废物排至皮肤表面）与乳腺的功能（将营养物质分泌到体外）在本质上别无二致。硬要用专业术语归纳的话，那就是“预适应”。鳔的初始功能虽然是“调节比重”，但站在“存取血液中的气体”这个角度看，它也称得上是为肺的诞生奠定基础的预适应。其实，在某种程度上把鳔用于呼吸的鱼类并不罕见。

然而，对大多数鱼类来说，呼吸（将氧摄入血液）的重责基本都落在了鳃上。鳃本身位于鱼的心脏前方，在头部后面不远处。无论是秋刀鱼、竹荚鱼这样的餐桌常客，还是养在玻璃缸里的金鱼与霓虹脂鲤[1]，鳃盖的位置都很明显，所以“鳃长在相当靠前的位置，为呼吸服务”这一点应该很好理解。只要水还能通过嘴巴流进鳃，鱼类就能将水中的氧源源不断地转移到血液中。

接下来，我要请出一种不走寻常路的鱼——肺鱼。想必很多读者也通过动物图鉴与宠物店对它有一定的了解。肺鱼属于肉鳍鱼，如今已经非常稀罕。不过在进化层面，它们不算真掌鳍鱼的同类。因为你无论如何都没法在它们的鳍里找到为日后的四肢奠定基础的骨骼，它们也不会像腔棘鱼那样灵活控制自己的姿态。不过单看外表，我们也能发现它们的鳍比普通鱼类稍小一些，分布着肌肉。肺鱼也是腔棘鱼之外仅存的肉鳍鱼了。

有几种肺鱼栖息在非常干燥的地区。那些地方的河流会在旱季干涸，而肺鱼不得不在那样的环境中生存下去。只要有含氧的水，鳃就是打遍天下无敌手的呼吸器官。可是一旦到了干涸的时候，它就没有了用武之地。于是肺鱼便退而求其次，用起了鳔。

肺鱼将原本用于调节比重的鳔升级成了正经的呼吸器官。众所周知，鳔始于消化道附近，是一个松松垮垮、可以膨胀起来的软袋。只要直接用嘴吸入气态的氧，将其注入这个袋子，就能将氧摄入血液了。

---

① 即日常所说的“红绿灯鱼”。

为避免误会，我要强调一下：并不是肺鱼本身登上了陆地，成了我们的祖先。据推测，远古时代的肺鱼和现代的肺鱼外形迥异，而且肺鱼当年栖息的地方并不是会干涸的河川，而是汪洋大海。换言之，虽然肺鱼和真掌鳍鱼都是肉鳍鱼，但陆生生物终究源自与真掌鳍鱼亲缘较近的群体，正如我之前所阐述的那样。不过毫无疑问的是，当年肯定有一些鱼被逼到了没法用鳃的境地，因而掀起革命，改变了鳔的功能，将它用作了肺。

单论器官本身，肺鱼的肺和鳔并没有太大的区别，不过是一个储存空气的气球，上面连着血管。在这种状态下，气体交换的效率恐怕不会很高，因此“扩大空气和血液仅一墙之隔的部分的面积”就成了改良的大方向。青蛙的肺里还是空荡荡的，但蛇和蜥蜴的“空气袋子”里出现了四处穿行的血管，好似质地较粗的丝瓜。至于哺乳类的肺进化成了什么样子，读者们肯定也是心中有数。我们的肺部有无数必须用显微镜才能看见的微小泡状盲端，神似葡萄串，周围配置了足以让一两个红细胞通过的毛细血管。之前展示给大家的猪肺就是这样进化出来的完美“成品”。鱼类心脏后方的空气袋子，竟然实现了这般天翻地覆的进化。由于鱼类非常多样，学界对这一进化的过程还有一些争议，但我们大致可以锁定“肺来源于鳔类器官”这条基本路线。

左右不一的身体

问题也随之而来。随着肺部功能的增强，身体必须开辟另一条血液循环路径，专供借助肺进行的气体交换使用。

在使用鳃的阶段，只要保证心脏接收流经身体的所有贫氧血液，再经由鳃将血液输送出去，富氧血液就能在全身循环。心脏只有一颗，鳃也只有一块。在这种状态下，身体没有任何理由去打破对称性。换句话说，皮卡虫和文昌鱼所构思的呼吸器官“鳃”从一开始就被定位在循环全身的血液必须经过的地方。脊椎动物的初始设计就是如此美好而单纯。

然而，鳔的进化对脊椎动物那美好、单纯的对称图纸构成了前所未有的威胁。由于鳔原本只是全身的器官之一，并没有被设计成“完成了气体交换的富氧血液的供给源”。换句话说，如果身体保持左右对称，在全身循环的血液里，就只有一部分会流经鳔。毋庸置疑，要是这样的鳔进化成了肺，它最终将难以实现“将满载二氧化碳的血液暴露在氧气中，进行气体交换”的目的。

心脏右侧的诞生，就是为了满足这一需求。身体为鳔（或者说肺）配备了专用水泵，将所有贫氧血液从全身循环中隔离出来，导入其中。考虑到演化的经过，右心不过是“借宿”于左心的一小套系统罢了。如果条件允许，最理想的情况也许是“为肺循环另设一颗心脏”，但我们的祖先是把位于鳃后的现有心脏直接用在了肺循环上。左心和右心分享新生的心脏肌肉，通往鳔的血管也被改造得更粗壮、更牢固，确保它能胜任自己的工作。

正如我在上一章提到的那样，在原索动物或脊椎动物的初始图纸中，始于心脏的血流会在通过鳃的同时掉头折向背侧，轨迹呈“U”形。它们的体内也建立了左右对称的供血路线，全身血液回流时经过的静脉，也有着动人的对称性。然而，肺取代了鳃，心脏也不再对称。祖先的动脉是经过左右对称的鳃，掉头折向背侧。可后代呢？始于左心的主动脉只使用了动脉的其中一侧，最终形成了只用身体左侧循环血液的机制，正如猪的标本所示（图 27）。

身体将鳔升级成肺作为主要的气体交换器官，因此不得不将心脏改成不对称的模样，血管也必须随之打破对称。就连本可以更对称一点的肺，都被设计成了左右不一的样子。

请容我再强调一遍，无论是心脏还是肺，都不是为了应对“登陆”这一变化从零设计的。为了让所有血液回流至鳔，身体“心血来潮”附加了右心，至于基本设计中左右对称的动脉和静脉，则按需挑选合适的部分，以保证血液流动的路径。

如何应对肺这个全新的“累赘”？进化给出的答案是打造左右不一、乱到毫无美学意义的身体。在解剖人类与哺乳类的遗体，观察内脏的配置时，我甚至觉得漫无计划的设计迭代似乎也被逼到了极限。

“亏你能用这样的身体活着。”

虽说这句话有玩笑的成分，但这就是我观察遗体时的真实感想。

其实，打破循环系统对称性的元素还涉及脾脏等各种器官。若重点关注胸腔及气体交换这一特殊机能，那么横膈膜的进化也是绕不过去的关键点。由于本书篇幅有限，这一部位还是留给读者们在下一阶段学习吧。我也希望今后能有机会与大家进一步探讨这个话题。此外，科学家们应该能在不远的未来明确“奠定或打破对称性的机制取决于何种基因的何种功能”。然而，用遗传学的语言探讨身体的历史性，不过是完成了“阐明身体史”这项任务的一半。至于另一半，包括弄清“实际完成进化的身体所具备的功能”，还得通过直接研究遗体实现。

2-7 将天空收入掌中

翅膀的原材料

《请给我一双翅膀》《折翼天使》《哪怕没有翅膀》《张开翅膀》《没有翅膀的天使》《忘记了翅膀的天使们》《有翅膀的人》《扇动翅膀》《有翅膀的少年》《即便没有翅膀》《翅膀的计划》……

瞧瞧CD店的货架，便知作词家有多稀罕“翅膀”。对我们这些只能在陆地上行走的人而言，翅膀满载着梦想和希望，而“失去翅膀”这四个字，自然也成了悲哀和感伤的象征。人类无法以肉身飞上天空，所以用于飞行的工具本就能勾起人们无限的向往。无论古今东西，“翅膀”一词都不是仅仅指代鸟类的一个部位或飞机的一个装置，而是与遥不可及的憧憬紧紧联系在一起。

本章围绕身体的历史展开，在最后，我想聚焦人类对翅膀的万千憧憬，对翅膀进行一番分析。探讨一个我们体内没有的部位，看似与之前的内容矛盾，其实不然。因为在读完本章的时候，各位读者便会发现，组成翅膀的一切元素都能在人类身上找到，我们所拥有的零件与那些能翱翔于天际的动物没有任何区别。

鸟类的翅膀是“飞行”的象征，那就先把翅膀“扒光”了瞧瞧吧（图 28）。鸟类的翅膀由脊椎动物的前肢演变而来。在上一章中，我已经对鸟类的肩膀做过一些介绍了。如图所示，鸟的前肢由“肩到肘的骨骼”与“肘到腕的骨骼”拼接而成，两者都很细长。站在设计迭代的角度看，翅膀的演化似乎比耳朵和肚脐简单得多。与外观的优雅程度和其本身的性能相比，它的设计着实简单。至于手腕之前的手掌和手指，以人类的手部骨骼为参照物便能得出直观的结论：鸟类的骨骼数量貌似因为骨骼之间的相互融合变少了。这也是进化的常态，堪称“不承载功能的形态就会迅速退化”的典型。“用手指抓取东西”本

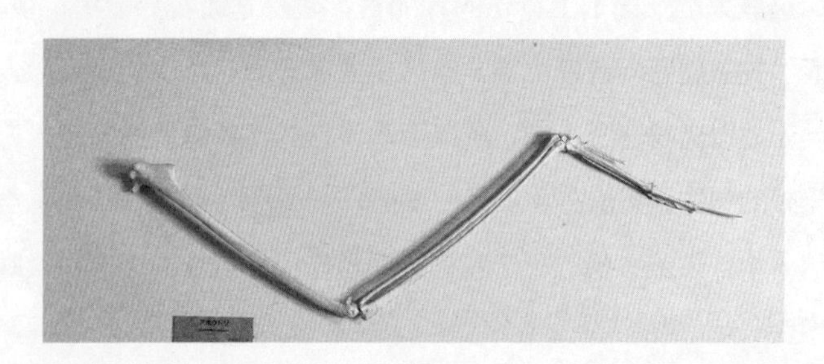

图 28　鸟类的前肢骨骼。为了打造翅膀，鸟类对前肢进行了彻底的改造。
图中骨骼出自信天翁
日本国家科学博物馆藏品

就不在鸟类的初始设想中，所以它们不需要很多根手指，于是手部骨骼的形态就演化成了一根棍子。

“咦？翅膀呢？”看到插图时，很多读者也许会产生这样的疑问。可不是吗，翱翔天际的鸽子和乌鸦张开的翅膀，可比图上那副骨架的面积大得多。

其实，这一点正是鸟类能以其独特的形式取得成功的原因之一。对会飞的动物来说，展开时面积巨大的翅膀堪称实现飞行的首要结构，但鸟类的过人之处在于，它们并没有把扩大翅膀面积的手段局限于“手臂、手指骨骼的变形”。鸟类那宽大的翅膀，大多归功于长在皮肤上的牢固羽毛。手臂骨骼固然能借助始于胸部和肩部的大块肌肉的力量，成为运动的起点，但单就鸟类而言，划动空气的翼面功能几乎都建立在羽毛上。

羽毛长在皮肤上，是皮肤的附属物，其本质是由角蛋白组成的硬性结构。如果你一听到“角蛋白”就联想到化妆品与生发产品的电视广告，那就说明你找对了大方向。鸟类的羽毛和我们身体表面那些质地较硬的部分（头发、指甲或脱落的皮屑）有着异曲同工之妙。皮肤本与骨骼、肌肉等货真价实的运动结构无关，鸟类却把皮肤的一部分用作了为飞行服务的运动结构。听我这么一说，你有没有觉得全人类心驰神往的鸟类翅膀，和中年大叔爱不释手的生发药水上贴着的标签有几分相似？

蝙蝠的独门珍品

为了深入直观地把握鸟类翅膀的特质，我们不妨对照蝙蝠的翅膀来看看。也许很多读者是第一次看到蝙蝠翅膀的骨骼（图 29）。虽然蝙蝠也能在天空中自由飞翔，但是它将前肢改造成翅膀时的设计理念却与鸟类截然不同。肩到肘、肘到腕的骨骼也很细长，乍看与鸟类相似，但是从腕开始，蝙蝠与鸟类就有了明显的差异。蝙蝠的翅膀由长得诡异的多根指骨与掌骨撑起，尤其是活动范围较大的修长指骨，发挥了扩大翼面的作用。而且，这并不是蝙蝠指骨的唯一作用。与鸟类相比，蝙蝠的翅膀由更多可以活动的骨骼组成，因此蝙蝠可以随意改变翅膀的

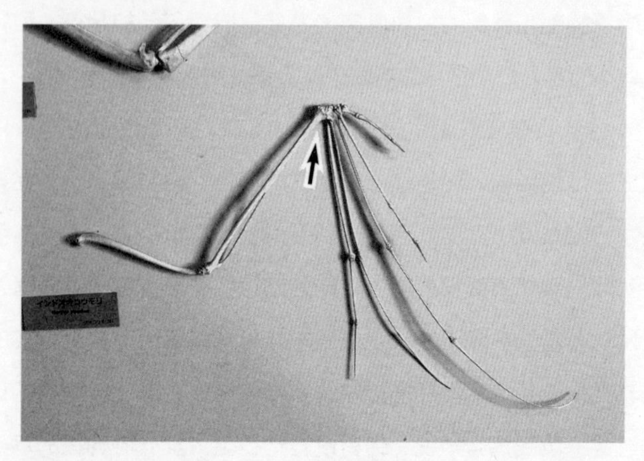

图 29　蝙蝠的前肢骨骼。与图 28 的鸟类骨骼相比，腕（箭头）之前的部分在设计层面存在极大的区别。鸟类以羽毛划动空气，因此“手掌”的骨骼呈现退化趋势，而蝙蝠的翅膀形态则建立在细长的指骨上。图中骨骼出自印度狐蝠（Pteropus giganteus）
日本国家科学博物馆藏品

形状。多亏了这些指骨，蝙蝠的翅膀才能自如地弯曲折叠、灵活地变形。

蝙蝠的翅膀还有一个与鸟类完全不同的特点。在这种会飞的哺乳动物身上，后肢和尾巴也是支撑翼的主要元素（图 30）。换句话说，蝙蝠的翼不是光靠“手”扇动的，后肢和尾巴也深度参与了翼的运动。与主要依靠前肢，同时借助羽毛打造翅膀的鸟类相比，我们甚至可以说“蝙蝠全身的骨骼都参与了翼的制作”。躯干部分浓缩得相当小，再以前肢、后肢和尾巴，即全身的骨架组成翼面的支撑结构，最后覆上由皮肤和薄薄的肌肉组成的膜，这便是蝙蝠的设计迭代的关键点。

图 30　蝙蝠标本。除了前肢，后肢（箭头）和尾巴也支撑着翼面。骨骼对翼的参与程度比鸟类更高。这是马铁菊头蝠（Rhinolophus ferrumequinum）的标本
日本国家科学博物馆藏品

拜这种改造方案所赐，蝙蝠的翼得以实现比鸟类更为大胆的变形。在脊椎动物的历史中，这种骨骼与肌肉全面参与、可以大幅变形的翼是蝙蝠的独门珍品。当然，蝙蝠没有长出结实的羽毛。正因为如此，它们才必须用骨骼撑起翼。

言归正传，继续说鸟类的翅膀吧。后肢与尾巴没有参与鸟类翅膀的形成，这意味着鸟类可以用后肢做一些与飞行完全无关的事情。因此在鸟类置身于地面或水面时，后肢便成了正经的行走或游泳器官。虽说鸟类在地面和水面上举止笨拙，远不及飞行时优雅，但它们好歹能正常行走和游泳。鸵鸟与鸸鹋则是更极端的例子。它们的翅膀已经退化到了无法飞行的地步，后肢才是它们的生存之本。虽为鸟类，它们的奔跑能力却足以和四足动物相抗衡。要知道在陆地上奔跑可是四足动物的“老本行”。由此可见，鸟类的后肢在飞行之外也发挥着强大的作用。

在这方面，蝙蝠望尘莫及。这群被伊索厌恶的生物的后肢已经演变成翼的一部分，不可能在陆地上撑起体重，并通过踢地推进身体。最起码，地球史上应该从未出现过像鸵鸟一样跑得飞快的蝙蝠。在大多数情况下，蝙蝠的后肢所能实现的功能唯有大家非常熟悉的倒挂式“着陆”。它们倒挂在树枝、洞顶与楼房屋檐的模样告诉我们，几乎无法用于行走的后肢虽然被打上了百无一用的烙印，却还是堪堪守住了“着陆装置”的地位。

翅膀的发明者

其实，还有一类脊椎动物进化出了像模像样的翅膀。有些读者可能已经反应过来了，没错，那便是翼龙。这些会飞的爬行动物在中生代（三叠纪、侏罗纪、白垩纪）盛极一时，称霸地球的时间远早于哺乳动物的全盛时期。虽然最近有学者提出，最古老的鸟类可能在中生代早中期就已经占据了一定的地位，但我们很难说鸟类和蝙蝠在 6000 万年前就成了真正的天空征服者。既然如此，脊椎动物里名副其实的“天空开拓者”还是翼龙。

说起翼龙，应该有不少读者在图鉴上看到过学名为无齿翼龙（Pteranodon）和古魔翼龙（Anhanguera）的恐龙。它们的体形相当大，时而盘旋于其他恐龙头顶，时而在海岸附近捕鱼。作为会飞的脊椎动物，它们也是毫不逊色于鸟类和蝙蝠的极品。令人惊奇的是，翼龙的翅膀几乎全靠相当于人类无名指的部位支撑。当然，翼龙的前肢也由躯干延伸出来的肌肉驱动，但支撑大面积翼面的骨架，事实上只有“一根无名指”而已。

从飞行功能的角度看，翼龙的翅膀堪称完美的“作品”。“仅用一根手指撑起长长的翅膀”，这份牵强体现出，它们的翅膀也是脊椎动物最擅长的胡乱改造的结果之一，是设计迭代的大胆范例。不过这双翅膀也向我们证明了一件事，那就是只要强行调整现有的前肢图纸，就能创造出无与伦比的杰出结构。因为翼龙无疑是地球有史以来最大的飞行生物。最大的翼龙翼展长达 13 米。翼龙的惊人成功，归功于只靠一根手指承受大部分负荷的设计理念。多亏了这一理念，它才能将巨大到难以置信的躯体保持于空中。鸟类再出色，蝙蝠再优秀，都无法在体形上媲美这种“无名指怪物”。

顺便一提，翼龙的后肢在着陆时的性能似乎不及鸟类。事实上，虽然翼龙的翅膀整体结构不同于蝙蝠，但它们与蝙蝠一样，将支撑翅膀的部分职责交给了后肢。由于我们看不到活生生的翼龙，学界目前还无法确定它们是如何在地面上使用后肢的，但它们的后肢很有可能不具备比鸟类更强大的行走性能，顶多不过是一套蹩脚的用于着陆的器官。

扯远了，还是说回蝙蝠和鸟类吧。蝙蝠和鸟类进化出了翅膀，那它们的祖先又是谁呢？我想先解决这个问题。其实蝙蝠的祖先尚不明确。学界的主流说法是，被称为食虫类、无盲肠类的朴素小型动物进化出了飞行能力，于是便有了蝙蝠。“无盲肠类”听着陌生，不过在日本有时也能看到一种叫“鼩鼱”的小动物，它们就属于无盲肠类（真盲缺目）。如果你不知道鼩鼱是什么，可以将其理解为鼹鼠的亲戚。很多人都相信，这类动物演化出翅膀便成了蝙蝠。但早期蝙蝠的化石出土极少，想必人们今后也会围绕这个问题展开进一步的探讨。

再看鸟类。鸟类一度被定性为是由爬行动物进化而来的、相当高等的独立生物群。但学界如今的主流观点是，鸟类是幸存的恐龙直系后代。而且，人们对侏罗纪前后的化石进行了研究，发现早期的鸟类与当时的恐龙仿佛是一个模子里刻出来的。至于恐龙拥有的鳞片是如何消失的，羽毛又是在什么时候长出来的，学界众说纷纭。但无论如何，我们都应该把鸟类视作恐龙的一部分，只是这一群体恰好出现了适应飞行的演化罢了。不过孕育出鸟类的恐龙嫡系已在6500万年前销声匿迹，从某种角度看并不“中用”的子孙鸟类却繁衍生息至今，这是何等辛辣的讽刺。

为飞行服务的大改造

为了培养各位读者观察分析动物身体的能力，我想在本节的最后讲一讲蝙蝠和鸟类的其他部位。无论是蝙蝠还是鸟类，都不能仅仅通过改造翅膀实现飞行。除了翅膀，这些罕见的飞行家还需要全方位配备为飞行服务的各种设计。这些设计都以在地面行走的祖先为蓝本，是迫于需要紧急做出的设计迭代。

例如，飞行离不开轻巧的骨骼，所以鸟类的头骨布满空隙（图31）。大家应该都听说过“犀鸟”。它们栖息于热带与亚热带，长得五彩斑斓。论颅骨之大，犀鸟在鸟类中名列前茅。若想在保持颅骨强度的前提下减轻其重量，图中所示的空隙结构就是极为合理的选择。

再观察鸟类身上的一个奇特部位吧（图32）。如果你在看上一章的时候就已经啃完了炸鸡，那就只能再买一块了。山德士上校的炸鸡里应该也有这个部位。这究竟是鸟的哪个部位呢？

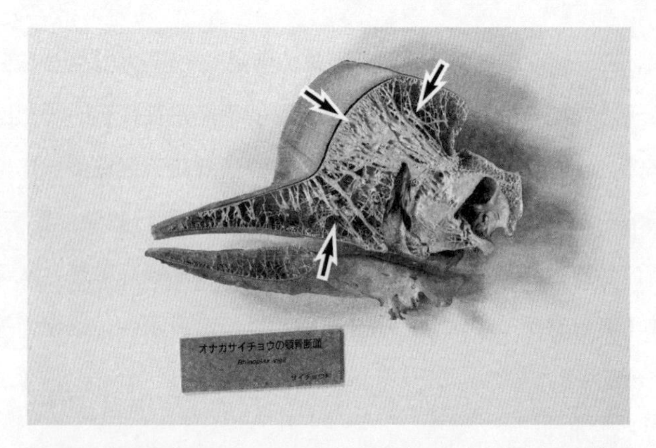

图 31　钢盔犀鸟（Rhinoplax vigil）的头骨纵切面。它们的头部在鸟类里算非常大的，重量却轻到了极限，以细小的梁状结构（箭头）维持强度
日本国家科学博物馆藏品

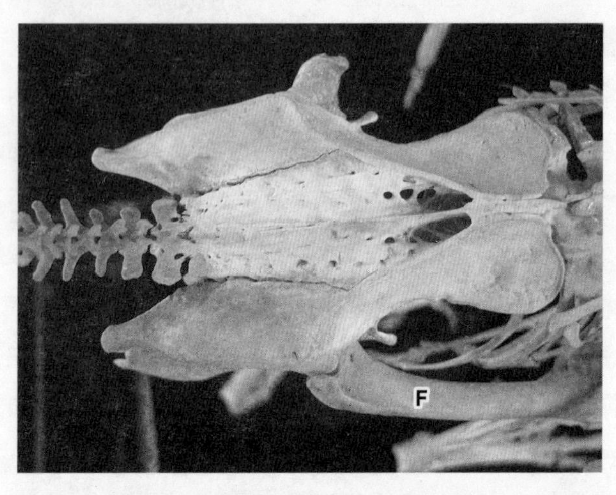

图 32　从背侧观察鸡的腰骶骨。图的右侧为头部，左侧为尾部。腰骶骨由胸部到尾部的脊柱和连接后腿的骨盆组合而成，给人以“身体的一大块融为一体”的印象。这是为了最大限度地减轻体重而牺牲脊柱运动性能的结果。F 为右侧大腿骨
照片由带广畜产大学家畜解剖学教室佐佐木基树博士拍摄

答案是“骨盆”。其实在上一章里，我已经在介绍后肢带的时候提过骨盆了。

鸟类的骨盆并非单纯的一块髋骨，而是由10多块骨骼组合而成的惊人集合体。事实上，这块骨头不仅包含了所谓的髋骨，还结合了脊柱的胸部（胸椎）、腹部（腰椎）、腰部（骶骨）和尾骨的前端（尾椎）。这种结合体实在太过特殊，称之为骨盆恐怕不太合适，因此解剖学家一直尊称它为“腰骶骨”。

对照自己的身体，就知道这块骨头有多可怕了。把腰骶骨放在我们人类身上，就相当于肋骨下方到臀部的所有骨头都变成了一块。光是听到这句话，我都觉得下腹一阵刺痛。鸟类的腰骶骨已经硬化，因此无法再进行任何考验脊柱灵活性的运动，比如伸懒腰或向前弯腰。

鸟类如此大胆地组合骨骼，只为达到一个“目的”，那就是减轻全身的重量。将许多块骨骼串联起来，保证它们能各自运动，便有了灵活的脊柱，但骨骼的总重量会更大。不仅如此，还需要配备肌肉来调动每块骨骼，身体的总重量当然会增加。飞行是鸟类的第一要务。它们不在乎每天早晨的拉伸体操，更不需要茶歇时调节心情的懒腰。将骨骼变为一体，让整个身体轻盈起来才是最要紧的。

最终，鸟类抓大放小，不再讲究置身于地面时的姿态。现代鸟类的样子是为了飞翔牺牲一切形态，历经种种设计迭代的结果。细细想来，如果犀鸟像它们的祖先恐龙那样顶着沉重的脑袋，就不可能成为翱翔天际的勇者。它们只能守着无用武之地的颅骨，沦为设计失误的产物，好似现代艺术的摆件，永远都无法飞上蓝天。身为鸟类，它们本就不需要在地面上反复弯曲腰部。它们想要的不是灵活的脊柱，而是能轻一克是一克的骨盆。可恨的乌鸦也好，凶猛的秃鹰也罢，还有时不时站在你肩上的鹦鹉，都是费尽心思把骨盆改造成坚硬的一大块，才能自由地翱翔于天空。设计迭代进行到这个地步，恐怕已再无逆转的可能，但进化本就是一项通过改造身体完成的可歌可泣的事业。

即便如此，身体改造终究只能通过调整祖先的设计来实现。这是在地球上不断进化的生物都无法逃避的命运。

无论是今日主宰天空的鸟类与蝙蝠，还是它们的老前辈翼龙，都没有得到神佛的特殊优待，它们的翅膀也不是从零开始重新设计出来的。鸟类身披的羽毛，也许无异于生发剂催生出的绒毛，只是细微的设计迭代的结果。蝙蝠之所以会飞，也许不过是因为它们的祖先鼹鼠阴差阳错长出了长长的指骨。某种“无名指”稍长的变种爬行类动物，也许在不知不觉中“掌握”了中生代的天空……无论如何伸长胳膊、踮起脚尖，都无法飞上天空的解剖学家说着这样的傻话，试图通过解剖它们的身体，让光荣的翅膀名誉扫地。我的工作就是嚷嚷着“翅膀无关造物主的创意”，以学术的逻辑封印人类对天空的普遍憧憬，这似乎是受了酸葡萄心理的驱使。解剖鸟类和蝙蝠的遗体，可知它们的翅膀也不过是寻常的动物身体部件，源自以四肢为基础的设计迭代。但即便如此，标题中带有“翅膀”二字的歌曲仍会继续称霸乐坛排行榜。也许是区区解剖学家的笔太过无力，不足以打破智人对翅膀的永恒渴望吧。

第三章　前所未有的改造品

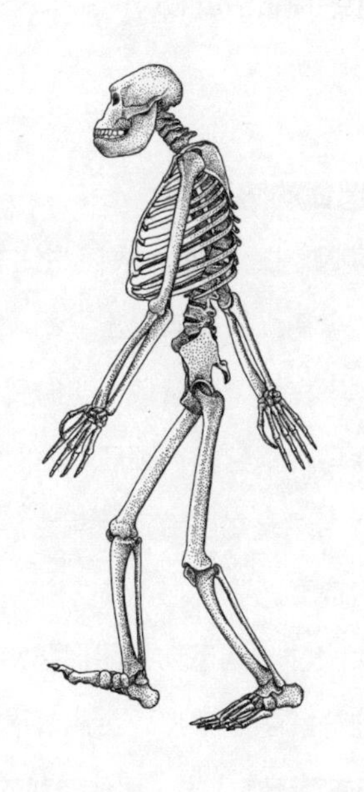

3-1 两条腿的动物

一脚踩进遗体的陷阱

据说人在刚拿到驾照的时候还是比较谨慎的，反倒是领证一两年后的“半桶水”更容易出车祸。我也在本科即将毕业的时候经历了“半桶水”的阶段。当时我已经解剖过好几种大型动物了，包括马、骆驼和长颈鹿。面对鲜血淋漓、重达 500 千克的肉块，我也能泰然自若。渐渐地，我翘起了尾巴，丢掉了做学问的基本态度。

就在这时，大学收到了动物园捐赠的企鹅遗体。我跟往常一样，兴高采烈地解剖起了那只企鹅。黑白两色的遗体躺在操作台上，体长还不到 50 厘米。遗体对我的吸引力一如既往，但在我的内心深处，似乎冒出了“小菜一碟”这四个字。不过是几十厘米长的小鸟，哪怕它身上的谜团再大，至少不需要请男同事帮忙吧。就是这娇小的身躯，使我落入了轻敌大意的深渊。

我想尽快卸下企鹅的消化道，便在颈部切开了食道。下一步是在泄殖腔附近切断直肠。这个部位相当于人类的肛门上方，只要在这里切上一刀，就能把消化道整个拉出来，这是关于消化道的常识。我急于取出消化道，便摸向骨盆，用左手的指尖捏住了贴着骨盆的消化道，然后把右手连同手术刀伸进腹壁的开口处，一刀插进了左手捏着的消化道软壁，甚至都没仔细看上一眼。因为在鸟兽体内，贴着骨盆的消化道当然只可能是直肠。

没想到，当我把这条东西从腹部的开口处往外拉的时候，展现在我眼前的并不是整条消化道，唯有光滑扁平的粉红色肌肉无力地伸出腹腔。我本该看到于腹腔内扭转数次，长度还算可观的肠子探出头来，可左手捏着的内脏却像一个薄薄的塑料袋，不到 30 厘米长。看到那团软软的东西轻易留在了左手掌心，并没有被背部扯住，我才意识到自己犯下大错，追悔莫及。

原来，我切开的并非直肠（肠道的尾端附近），而是幽门，也就是胃的后端。面前这只企鹅体形不大，处理起来看似“小菜一碟”，殊不知它进化到了胃部拉长到极致、与脊椎平行的地步。从破壳而出到生命结束，挺直脊椎、双脚站立就是这种鸟的基本姿态。它会以同样的姿势（躯干伸直，呈鱼雷状）在水中灵巧地“飞来飞去”。这种鸟是水下生活的专家，比起“游泳”，用“飞翔”来形容它们的动作更贴切。此外，这种鸟还以整条吞下比自己稍短一些的鱼类为生。由于必须将吞下的鱼暂时存储在体内，企鹅就为可怜的鱼准备了一个从颈部食道到身体后部的狭长腔室。没错，为了容纳完整的鱼，这种动物演化出了非常长的胃袋，一直延伸到后肢的底部，即骨盆附近。瘦长的胃几乎与整个腹部一样长，直至腰部，在骨盆处“恭候”着我的手术刀。

解剖企鹅带来的教训

按我的“常识”，胃壁不应该与骨盆相接。以牛为例，牛的胃袋非常大，几乎和廉价公寓的浴缸相当。我和堪称“巨无霸”的牛胃打过好几次交道。只是牛胃之所以能占据腹腔，不过是因为它的体积够大。企鹅那异常狭长的胃，呈现出与牛胃截然不同的状态。

企鹅以挺直脊柱的状态在海中游动，将长长的鱼整条吞下。对它们而言，胃的体积并不重要，长度才是关键。胃必须在宽度几乎不增加的状态下，到达后肢附近的腹腔。不仅如此，骨盆内壁还会长出胡须状的结缔组织抓住细长胃袋的外壁，将它牢牢拴在靠近臀部的位置，别提有多周到了。晒厚毛毯的时候，我们会用大号衣夹把毯子固定在晾衣竿上，企鹅的胃壁也以同样的原理被固定在了骨盆上。我在没有看清腹腔的情况下切开了指尖处的平滑肌，把胃袋的后端当成了直肠。

在我的左手掌心，闪亮的粉色胃袋傲然挺立。当然，遗体的骨盆上还有一条完好无损的直肠正嘲笑着窥视腹腔的我。生物的形态并不总是以夸张、巨大或夺人眼球的模样向我们展示进化的玄妙。只需让体形合适的动物展示胃袋的一隅，就足以令初出茅庐的解剖学家痛感身体的历史有多么久远。

这件事让我切实体会到，拿着镊子解剖个五年十年，也不足以让人在脑海中勾勒出最粗糙的动物身体概略图。自那时起，我再也没有犯过“没看清对象就下刀”的错误。边看边切是基本中的基本。基本原则看似无聊，但是当把刀插入天下生灵的体内时，那些无异于外行的区区学生的“常识”实在靠不住。只有脚踏实地，谨遵“无聊”的基本原则，才不容易犯错。

企鹅的胃袋一定是在向我诉说，四条腿的脊椎动物用双腿站立、挺直脊椎是多么困难。即便把寻常鸟类的脊椎扶直，它也无法以那样的状态活下去。身体的各个部位都要随之进行设计迭代，为生存服务。哪怕是区区胃袋，都能巧妙地改写设计图，轻而易举地骗过得意忘形之人。在遗体解剖中我所面对的“敌人”总会若无其事地挖出这样的深坑，静候我的刀掉进坑里。

创造人类的开端

之所以费较多的笔墨介绍企鹅特殊的胃部结构，是因为我想在本章中再一次深度剖析我们人类的身体。其实动物的身体都是反复改造的结果，堪称无数补丁的集合体，看到这里的各位读者想必已对此深有感触。我们人类当然也不例外。不过人类的身体所经历的变化，远比黑白两色的鸟类立起脊骨、跃入大海大得多。企鹅虽能以双脚行走，却必须大幅弯折膝盖，走起路来摇摇晃晃。正在阅读本书的你，也就是智人，却硬是完成了从四条腿行走到双足直立行走的进化，更实现了灵巧得可怕的手、地球上史无前例的巨型大脑等一系列难以置信的进化改造。

接下来，我将用少许篇幅带领大家解读人类走过的神秘历史。关于人类的起源，教科书与各类入门参考书都有提及，而本书将聚焦我们那奇妙无比的来历，即“人类的身体经过了怎样的改造”，挑出一些颇有趣味的部分与大家分享。

大致来说，若想探讨人类的起源，少不了要去一趟 500 万年到 700 万年前的东非。朝着人类迈出第一步的种群确实生活在那个时代的那个地区，这一点毋庸置疑。它们与我们智人还相去甚远。我想用一个偏古典的术语来统称以它们为首的那些冲出“猴子”的范畴，朝智人步步进化的原始人——“人科”。

首先，人科的祖先到底是什么样的呢？其实这个问题还没有明确的答案。众所周知，它们是猿类的近亲，也是被称为类人猿的最高等猿类。然而至今出土的化石并没有带给我们足以拼凑出人类祖先全貌的信息。

当然，在现存的猿类中，也有几种与人类相当接近，比如黑猩猩、大猩猩、猩猩等。只要研究它们的身体，就能找到许多可用作参考的线索（图 33）。从某种角度看，这是我们所能采用的最佳研究方法。不过这种方法存在一个问题，而且问题显

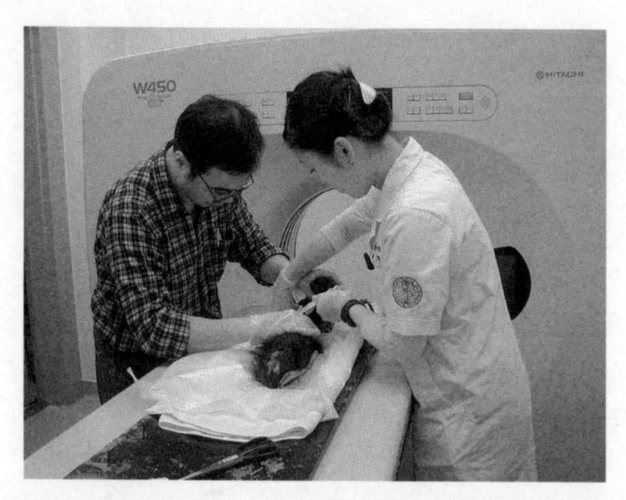

图 33　给黑猩猩的手臂做 CT 扫描并进行分析。东京都多摩动物园将一只寿终正寝的黑猩猩捐献给了日本国家科学博物馆，为了不辜负动物园的一片好意，我们必须解开遗体的谜团，并将其做成标本，留给后人。此次 CT 扫描研究得到了日本大学生物资源科学部酒井健夫教授的鼎力协助。照片左侧是我，右侧是当时就读于日本大学的松崎美果女士

而易见，那就是“人并非从黑猩猩进化而来”。造就人科的祖先早在数百万年前就已经灭绝了，无论我们如何好奇，都不可能见得到。

巧妇难为无米之炊，那就再把时针往回拨一些，看看 1500 多万年前的非洲吧。在那个时空，有一种相当有趣的类人猿——“普罗猿”（Proconsul）（图 34），体重大概 40 千克到 50 千克。其实由于只出土了骨骼化石，谁也不确定它们的毛色、表情等基本外貌特征是否真如插图所示。不过有两点值得

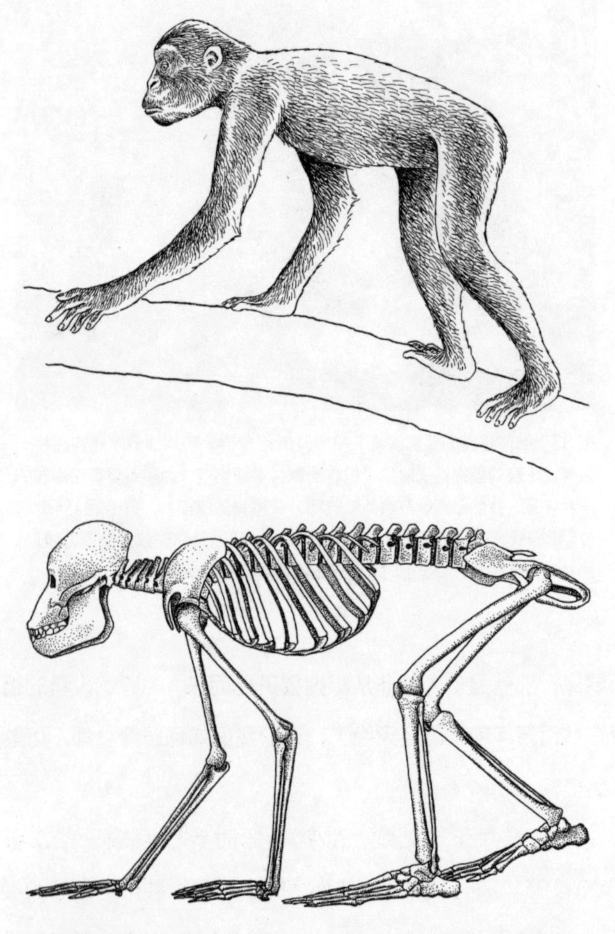

图 34 普罗猿外貌与全身骨骼复原图。它们生活在 1500 多万年前，是人类直系祖先的有力候选者
日本国家科学博物馆渡边芳美参考片山（1993）与 NHK 采访组（1995）绘制

关注，那就是它们的脊柱可能与地面基本平行，以及肩部关节的活动幅度较大。

猿类想要造就人科，相当高的智力必不可少，再在机体能力层面具备大到一定程度的体格，便可以成为智人直系祖先的有力候选者。但若是过于适应某种特殊的生活方式，再想朝着人类的方向大幅改造身体恐怕就不太行得通了。以长臂猿（图35）为例，它们的大脑功能确实发达，乍看像是通往人科的捷径，但长臂猿平时依靠长长的手臂在树枝间穿行，做“摆荡运动”（brachiation），为了采用这种移动方式，它们全身上下都变得过于特殊了，至此再想将它们纳入双足直立行走的世界，

图 35　长臂猿。它们会大喊大叫，借助手臂在树木之间进行摆荡运动，是一种典型的高度特异化类人猿

恐怕有些强“人”所难。换句话说，它们的身体已经完成了大改造，无法再切换到别的方向了。

归根结底，比起长臂猿这种经历过不可逆的特殊进化的物种，脊骨没有被弯曲成奇妙的角度，外加肩部关节可以随意大幅活动的普罗猿反而更接近可供无限设计迭代的优秀“素材”，得到了进化的青睐。恐怕普罗猿这样的类人猿没有发展出特殊的移动方式与奇异的手臂用法，在树上默默生活了数百万年。看到如今的长臂猿在中南半岛的树枝之间肆意“臂行”，不难推测普罗猿当年过着更不起眼、更朴素的树上生活。

巧合的产物

不过，进化的奥妙就在于“塞翁失马”。普罗猿这样的类人猿用普普通通的身体过着普普通通的树上生活，它们平时要看东西、抓东西，还要在不稳定的树枝上走来走去、保持平衡。在数百万年的繁衍生息中，它们逐渐完成了迈向人科的准备工作，拥有了处理视觉信息的能力、灵巧的双手与高超的平衡感等。想必朴素的树上生活锻炼了它们的大脑与神经，以灵巧为核心的运动能力也在这个过程中得到了提升。这也算是上一章提过的预适应。伟大的祖先普罗猿已经以预适应的形式成功获得了为双足直立行走奠定基础的结构与功能。

猿类会舍弃安全的树间，改用双脚行走，必然存在足够重大的理由。我向来专注于解剖遗体，所以目前在这方面只能参考别人提出的假设。简而言之，前人对个中缘由做出了如下推论。

在1000万至500万年前，东非进入了漫长的干旱期。森林枯萎，草原乃至干燥平原的面积不断扩大。从某种角度看，这种状态与今天的肯尼亚、坦桑尼亚等地有几分相似（图36）。大地变得分外开阔，无树可爬的类人猿们仿佛是“看准了机会”一般下到地面。它们充分运用了在树上培养出来的步行能力，仅靠后肢便可完成日常行走。

进化到一定程度的类人猿的栖息地遭遇干燥气候，森林枯死——当然，这终究是个巧合。我对古生态学和自然地理学都不甚了解，至今仍对人科的繁荣是否真的由这样一个全凭运气

图36　肯尼亚的大地与我。其实我那天是跟随成群的角马和狮子来到了此地。所谓的热带稀树草原气候造就了这种独特的景观。虽有稀疏的金合欢林零散分布，但大多数动物无处躲藏，不得不行走于开阔的土地上

的变化开启持怀疑态度。准确地说，是我心底里仍留有“不愿意相信”的念头。

然而从解剖学的角度看，以普罗猿这种没有特殊化到一定程度的类人猿为材料“创造”出人科确实是发生概率相对较高的情况。假使这个围绕东非的干燥展开的科学故事说服了我，我会再一次深刻意识到，进化绝非什么潇洒而优雅的事情。毕竟推动设计迭代与小幅改造的，也许是当地的气候变化。正是受这种简单粗暴的因素影响，身体形态的进化才有可能无止境地进行下去。

猿人出现

在上一章中，我根据哺乳动物和脊椎动物遗体上留下的证据，追溯了它们的进化史。进化总给人以“轰轰烈烈”的印象，但生物试图通过各种各样的设计迭代与改造，以拼拼凑凑、打满补丁的身体开创能在下一个时代幸存的活法，这才是进化的本质。

人科的开端也不例外。双足直立行走也好，在日后加速的人科进化也罢，都不建立在绘于白纸的美好蓝图上。进化，不过是不起眼的猴子受情势所迫不得不下树，又碰巧用两条腿站了起来而已。

言归正传。真正开始用两条腿走路的人类祖先生活在370万年前，名叫“阿法南方古猿”（Australopithecus

afarensis）。它们进化的舞台自始至终都是东非。近年来，人们又在东非发现了一些比阿法南方古猿更古老的化石，比如拉密达猿人（始祖地猿，Ardipithecus ramidus）、图根原人（Orrorin tugenensis）和乍得沙赫人（Sahelanthropus tchadensis）。它们也有可能用双脚步行，是人科的候选。此外，与阿法南方古猿生活在同一时期的肯尼亚平脸人（Kenyanthropus platyops）也从侧面证明了早期人类的多样性。

不过，阿法南方古猿之所以有益于完善我们的理论，皆因其化石信息的可靠性。我们完全可以说，多亏了阿法南方古猿，我们才能对人科最初的模样进行相当准确的描述（图37）（Johanson and White. *A Systematic Assessment of Early African Hominids.*）。

值得庆幸的是，阿法南方古猿的化石保存完好，将最早期人科成员的模样清清楚楚地展现在我们面前。其中知名度最高的莫过于 320 万年前的女性个体化石，人们为其取名“露西”（Lucy）。露西的全身骨架有一小半以完整的形式出土，这是何等幸运的发现。

多亏了 1974 年在埃塞俄比亚的哈达尔（Hadar）出土的露西，我们才对与人类一脉相通的最早期猿人的形态有了相当明确的认识。姿势的细节撇开不谈，“露西的同类以双腿行走”这一点毫无疑问。幸运女神露西并非唯一的佐证。人们还在坦桑尼亚的雷托利（Laetoli）发现了猿人以双脚行走的脚印。据

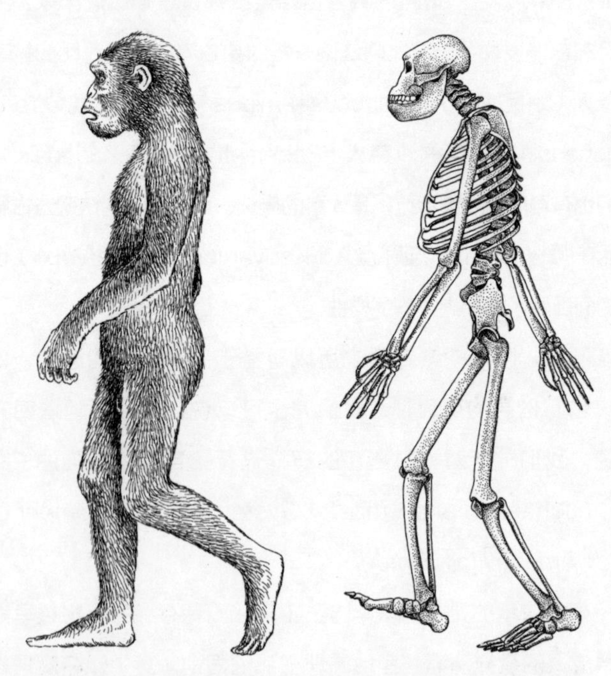

图 37　阿法南方古猿外貌与全身骨骼复原图。阿法南方古猿是著名的早期人科成员。显而易见，它与我们智人仍有很大的区别，但是在这个阶段，双足直立行走已然成形
日本国家科学博物馆渡边芳美参考片山（1993）与 NHK 采访组（1995）绘制

推测，脚印形成于 350 万年前。

从这个角度深入研究阿法南方古猿的骨骼结构，确实是一项很有吸引力的工作，但是请大家多多包涵我的性急，我还是想把话题转向各位读者，也就是人类。人科是设计迭代的结果，

其中也许有巧合的参与。经过 400 万年的演化，才有了如今生活在地球上的我们。在本书中，我们可以在相隔数亿年的时代之间自由往来。因此我想借此机会，将聚光灯对准智人，也就是各位读者的身体。

在阅读接下来的部分时，请大家牢记一点：智人的特殊性，始于将普罗猿这样的“猴子”变成阿法南方古猿这样的“双足行走人科生物”的转折点。用两条腿走路，人科始于这样一个出乎意料、误打误撞的变化。以这样的进化史为背景理解人体，和寻常的医学与寻常的临床医生对人体的理解是完全不同的。下面就让我们结合进化史，看一看无数次设计迭代的产物——名为“智人”的动物身上的改造痕迹吧。

3-2 实现双足直立行走

人之足

造访温泉胜地时，我们总能在大浴场的休息区看到按摩脚底的机器。谁会买那种东西回去啊？我深感好奇。不过在邮购广告里，这类按摩机也是必不可少的拳头产品。作为东方医学、保健产业与某些装神弄鬼的大师最为关注的身体部位，脚心的声势似乎越发壮大了。但很少有人知道，脚心的诞生，并非为了给温泉提供余兴节目。它的实质，是一种巧妙的重量分配结构，是双足直立行走必不可少的关键环节。

首先，让我们看一看四足动物的脚底与人类的脚底存在怎样的本质性区别。四足动物也会在跳跃的某一阶段出现四只脚同时离地的时刻，但它们基本上不会在行进时为保持前后的平衡而烦恼。由于哺乳动物的重心或多或少都偏向身体的前半部分，所以通常会有一种向前的力作用于后肢。

在20世纪80年代中期因汽车的电视广告[①]风靡一时的褶伞蜥（Chlamydosaurus kingii）是个非常好懂的反例。头轻尾重是爬行类身体结构的典型特点，它们的后肢往往相当强壮。因此当它们起跑的时候，身体就会像那只名伶褶伞蜥一样前肢空转，腆腹挺胸。从这个角度看，爬行类的四肢末端设计得并不算好，这成为爬行类的困扰。哺乳类如果能解决好后肢前倾的问题，在用四条腿奔跑时，后腿末端就不会出现本质性的故障。说哺乳类“利用”了这一点也许不甚贴切，但是瞧瞧赛马场上的纯血马（Thoroughbreds）便可知，大多数跑得快的哺乳类是只靠脚尖站立的。反正有四条腿，即使只有脚尖点地，也不至于向前后倾倒。

然而，能长时间以脚尖站立而不摔倒的人类恐怕就只有专业舞者了。阿法南方古猿和智人都失去了四足动物原有的设计优势——“绝不会摔倒”。甚至可以说，人科从一开始就被迫陷入了前后左右都难以保持平衡的境地。维持后脚的力学平衡只是人类向双足行走转化所带来的无数不便中的一项，但它仍然将人类推入了举步维艰、连保持站姿都成了一桩难事的困境。

解决这个问题的关键，就在于人科“后肢”末端的形态。请大家先仔细观察一下自己的脚跟到脚尖。也许已经有人察觉到了，其实人的脚跟部分相当大。我知道很多人不喜欢跟数字

---

① 1984年三菱汽车“Mirage”的广告。

打交道，所以具体的数值稍后再说。总而言之，人类的“脚跟周边”在灵长类里算是非常大的，但细细一瞧，脚趾本身却不是很长。看到会爬树的猴子用后脚抓住树木的枝干，你就会意识到那是人类绝对无法模仿的动作。一言以蔽之，我们的后肢缺乏抓握功能。

乍看似乎没有什么用处的脚跟高度发达，而且相较于短小的脚趾，人的“脚掌”相当之大。我们甚至无须搬出已故的“巨人马场”[①]那堪比慢动作的绝招“十六文踢”，哪怕是平均水平的脚掌，也彰显着一定的存在感。说实话，我这种研究形态的学者在查看遗体或标本时最先关注的正是形态的大小。“大”，暗示着该形态有着不可忽视的功能。事实上，你的“脚跟周边”和脚掌也以其大小充分体现了它们肩负的职责有多重要。

依托于弓形的平衡

那就再加一把劲，再往我们的脚上注入几分智慧吧。不过，只需从侧面观察一番，便能达到目的（图 38）。因为在脚趾、脚掌和“脚跟周边”组成的侧面线条中，我们可以看到人科倾尽全力尝试的设计迭代。顺便一提，脚趾的骨骼称为“趾骨”，脚掌的骨骼称为“跖骨”，“脚跟周边”的短骨群称为“跗骨”。人体的设计创意，就在于趾骨、跖骨和跗骨形成的合理弓形结

---

① 日本知名职业摔角选手，也是让职业摔角运动流行于日本的关键人物之一，身高209厘米，与另一位摔角手安东尼奥·猪木齐名。

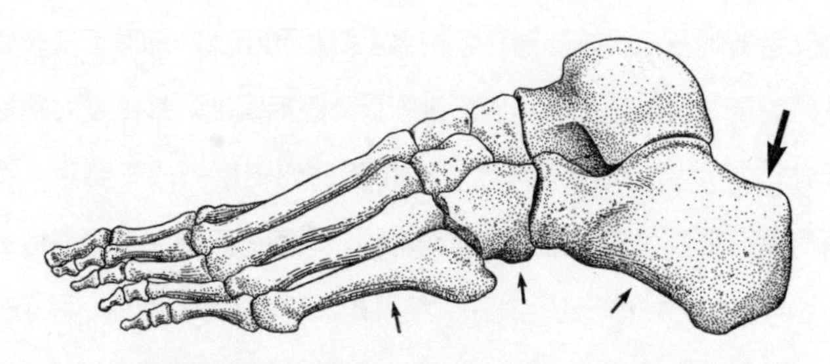

图 38　人的左脚骨骼。脚趾难以抓取物体，但宽大的脚掌格外惹眼。脚掌整体呈弓形（小箭头）。大箭头为跟腱附着的跗骨。“脚跟周边巨大”是人类的一大特征

日本国家科学博物馆渡边芳美绘制

构。这正是“脚心”的骨架。

立于平坦的地面时，你会发现自己的体重基本分散到了两处地方，即跖骨的前部和脚跟。由于全身的体重以垂直于地面的重力体现，这股力量刚好被巨大的“脚掌”分散到了前后两侧。脚的弓形结构好似岩国的锦带桥[①]，在力学层面实现了重量的均匀分布。要想让两脚垂直站立，且以触地面积相当小的物体承受住 50 千克的重量并保持稳定，人类打造出的“脚心与弓形结构”的组合堪称极致合理的选择。要是当年没有进化出这种弓形结构，人类的祖先将不得不以脚尖或脚跟承受全身的体重，陷入难以维持平衡（至少是前后方向的平衡）的窘境。

更何况，人类不光要“站住”，还要巧妙地转移重心，双

---

① 日本山口县岩国市横跨锦川的木结构拱桥，是当地知名的观光景点，与东京都中央区的日本桥和长崎县长崎市的眼镜桥并称日本三名桥。

脚交替着地行走。走路时，我们会将脚跟到小腿向前倾，使重心从“脚掌”前部逐渐转移到脚趾附近，然后踢地。最终发力踢地的部位其实是拇指。下一次接触地面时，则是先放下脚跟，将重心从弓形结构后端逐渐转移到前端。人类每天都会下意识地进行这样的重心转移，但上述研究结果却是万千辛劳的结晶。早些时候，科学家得让人在坚固的玻璃板上行走，自己在下面观察，或是在人的脚底涂上墨水，然后让人在纸上走两步，好不容易才收集到数据。好在如今已经有了先进的测量仪器，配合安装在地板上的传感器，就能直观地把握重心的移动情况，收集到大量的详细数据。

分析步行的各个阶段，便知脚跟的运动是何等重要。从重心前移到踢地，再到脚跟着地，重心前移……在这个过程中，会出现“全部体重几乎都由一只脚的脚跟骨骼承担”的瞬间。事实上，在双足行走期间，人类不仅要以弓形结构分散体重，还必须以“脚跟周边”承受巨大的重力，哪怕这股力量只会持续短短的一瞬间。

精密的足部设计

说到这里，就得请“跟腱”隆重登场了。就算是大力士阿喀琉斯，被射中这个部位也是毫无办法。[①] 跟腱是一团胶原蛋白，与人体的“脚跟周边”相连。跟腱的起点是腓肠肌。腓肠肌是

---

① 因此人体的跟腱也称“阿喀琉斯腱”。

始于大腿和膝盖附近的一块大肌肉，换句话说就是小腿。如果你想了解腓肠肌和跟腱的工作原理，只需坐在椅子上，保持脚踝不动，同时上下移动脚尖。腓肠肌和跟腱负责将“脚跟周边”大幅往上牵拉，以及将“脚掌”往前放。阿喀琉斯本是不死之身，却在跟腱中箭后败下阵来——神话故事中的情节倒是合情合理，因为跟腱一旦丧失功能，人就再也无法踢地了。

当然，腓肠肌和跟腱对四足动物的后肢同样重要，是行走时不可或缺的部位。然而对双足直立行走的人类而言，它们有着无与伦比的重要性。由于人要把全身的重量集中于一点，同时做出踢地的动作，作为一种体重不过 50 千克左右的动物，人体拥有极为结实的跟腱。至于“脚跟周边”的骨骼，也就是跟腱附着的地方，也比其他动物和猿猴的骨骼大得多。

讲到现在，我都没有引用任何数字，不过为了那些想要多一些客观说服力的读者，我想从几篇论文中引用一些数据供大家参考（表1）。表中的数字正体现了之前提到的几个关键点。

首先，让我们比较一下足部整体的长度，即“脚跟到脚尖的距离”。当然，灵长类动物的体形大小不一。为公平起见，表里列举的是“脚跟到脚尖的距离”除以“脊柱的长度”得出的数值。人属为 43.8。在纷繁的灵长类中，这个数值也许还算标准。跖骨除以足部整体长度得出的数值则是 30.4。这个数字本身也不算大。人的跖骨是弓形结构的主要部分，十分发达。不过单看骨骼的长度，其他灵长类也毫不逊色。

表 1　灵长类足部骨骼相对长度对比

种类	1	2	3	4	5
狐 猴 属	42.8	27.2	36.9	35.9	73.0
蜂 猴 属	40.0	24.4	30.5	45.1	75.8
婴 猴 属	55.7	15.9	53.3	30.8	71.5
眼镜猴属	83.2	20.3	48.5	31.2	71.9
柽柳猴属	42.3	35.2	27.7	37.1	45.7
狨　属	42.5	36.2	27.6	36.2	45.4
松鼠猴属	41.0	32.8	30.5	36.7	54.5
卷尾猴属	46.2	31.5	31.5	37.0	64.0
绒毛猴属	44.8	28.4	31.3	40.3	57.7
猕 猴 属*	43.1	32.7	31.8	35.5	55.2
叶 猴 属	45.1	31.9	29.9	38.2	50.2
疣 猴 属	42.3	31.4	29.6	39.0	45.9
长臂猿属	51.6	31.2	27.2	41.6	66.8
猩 猩 属	59.3	30.7	26.1	43.2	35.0
黑猩猩属	47.0	30.1	33.8	36.1	70.0
大猩猩属	46.1	27.7	40.0	32.3	67.5
人　属	43.8	30.4	50.2	19.4	101.8

1. 脚跟到脚尖的距离除以脊柱的长度；
2. 第三跖骨（与中指相连的“脚掌”）的长度除以脚跟到脚尖的距离；
3. 形成脚跟的骨骼长度除以脚跟到脚尖的距离；
4. 中指的长度除以脚跟到脚尖的距离；
5. 拇指的长度除以中指的长度。

归纳引用自舒尔茨（Schultz，1963）。视情况乘以“以10为底数的幂”，调整为便于理解的位数。

* “猕猴”听着陌生，其实日本人非常熟悉的“日本猴”[①]就是猕猴属的成员。

更关键的数据在后面。“形成脚跟的骨骼长度”除以足部整体长度得出的数值为 50.2。这个数值非常大。虽然婴猴与眼镜猴的数值与人类相当，但这两个属是灵长类中的特例——它们

① 学名为日本猕猴（Macaca fuscata）。

习惯用后腿在树间跳跃。为了以腓肠肌实现更强大的跳跃能力，它们把跟腱所附着的脚跟部位改造得更大了。除去这两个属，人类的数值笑傲群雄。

第 4 栏以“中指的长度”除以足部整体长度得出的数值代表了脚趾的相对尺寸。人类的数值为 19.4，可见相对于脚的整体长度，人类的脚趾小到了极点。与其他猿猴相比，人类脚趾的相对长度非常短。如前所述，这项数值表明人类的后肢失去了抓握能力。我们无法用如此短小的脚趾抓住树木的枝干。

拇指长度除以中指长度得到的数字则是 101.8。这个数字超过 100，意味着“拇指比中指长”。仔细想想，人类确实是唯一拥有这种脚趾比例的灵长类动物。不过，数字背后的意义绝不仅止于此。如前所述，人类的拇指之所以比较大，是为了满足双足行走的需求。在转移重心、抬脚离地时，最后一步正是“用位于内侧的拇指踢地”。

基于骨骼得出的数字表明，人类为双足直立行走进行的改造任务是多么艰巨。从数据上看，虽说灵长类形形色色，却只有人类对后肢从脚跟到脚尖进行了相当大胆的设计迭代。我们对双脚的形态早习以为常，殊不知，其中融入了无数从根本上支持人类双足直立行走的进化设计，精密无比。也许我们应该为自己的双脚承载着如此高水平的创意而自豪。

将身体倾斜 90 度

在脚上进化出弓形结构固然重要，不过当你试图用两条腿撑起全身的时候，新的问题便会随之出现——重力施加于身体的方向将随之旋转 90 度。自脊椎动物以四条腿登上陆地以来，“腹部→地心”是重力的一贯朝向。在登陆之后的 3.7 亿年里，脊椎动物所承受的重力始终都是这个方向，固定不变。

人科却大胆挑战了这种“理所当然”的状态。且不论人能否以两条腿在地面飞奔，重力的方向从“背→腹”生生变成“头→脚”本就是个大问题。为了适应这种“新常态”，阿法南方古猿对自己的身体进行了诸多设计迭代，同时也栽了不少跟头。

首先，阿法南方古猿和我们智人都拥有比其他灵长类更宽大的骨盆（图 39）。骨盆的主要组成部分，是由髂骨、耻骨和坐骨融合而成的髋骨。

人类的骨盆为何宽大？答案之一就隐藏在“如何支撑内脏，以承受旋转 90 度的重力”的设计创意中。在重力的作用下，所有四足动物的腹部与胸部器官都有向腹肌与肋骨坠落的倾向，所以要用某种结构把器官固定好，免得它们掉下来。最基本的策略就是用薄膜把器官吊在背上，再以离地较近的腹壁托住。所有动物的内脏都以这种方法来承受重力。

问题是，一旦开始用两条腿走路，重力就会把内脏往身体下半部拉。要是不对身体进行改造，器官就会不断往下掉。再

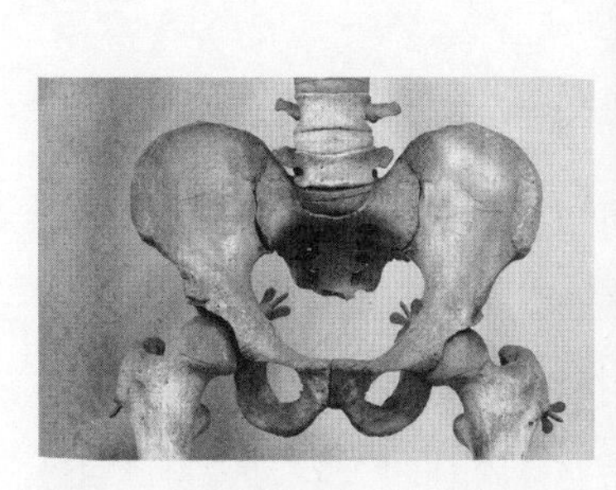
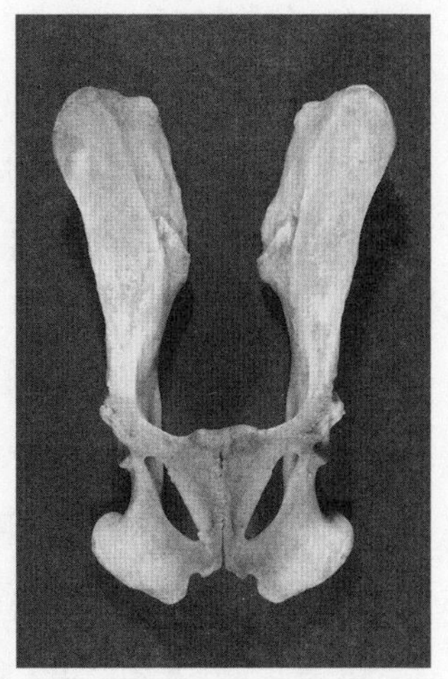

图 39　人类的骨盆（左）与日本猴的骨盆（右）。如图所示，人的骨盆与脊柱、股骨相连

日本国家科学博物馆藏品

加上人是哺乳动物，一旦怀孕，比平时重许多的子宫也会向骨盆坠去。

决定胜负的关键，就是把骨盆扩张成杯状，自下而上托住器官。只要有了这种结构，就等于给内脏配备了牢固的底板，能有效防止坠落。四足动物靠由肌肉组成的腹壁托住器官，人类用的却是一块巨大的骨头。论托举性能，没有比骨头更让人放心的了。论牢固程度，骨盆肯定也比以肌肉为主的腹壁强上许多。美中不足的是，“底板的面积”太小了。

“固定”内脏

以四足行走时，动物的内脏悬挂于性能强大的“天花板”——背部。可背部也要随身体旋转 90 度。对照自己的身体便知，旋转 90 度后，横膈膜（膈肌）便成了内脏的“新天花板”。

其实早在演化至人科的阶段，横膈膜与内脏的关系就已经出现了翻天覆地的变化，不可与普通的四足动物同日而语。首先，肝、胃等较大的器官与横膈膜的联系明显比其他动物紧密得多。肝脏本就以若干层膜与横膈膜相连。

但真正承受重力的是下腔静脉周围的区域（下腔静脉自横膈膜经肝脏背侧通往身体后部）。这种结构非常适合悬吊，肝脏承受的重力似乎有一大半靠下腔静脉承担。然而在人科生物体内，这些器官必须悬挂在横膈膜上。于是人类想出了一个非常简单的办法：把肝脏的上表面（也就是朝向胸部的那一面）与横膈膜粘在一起。换句话说，只用薄膜吊着，肝脏仍会受到重力的影响，无法固定位置。既然如此，还不如干脆让肝脏与横膈膜大面积紧贴。

此外，我对猩猩的肝脏形状也很感兴趣（当然，这只是我的研究工作的一小部分）。这种动物也会在做出各种动作时将身体垂直立起，因此其内脏承受的重力有时候会像人类一样朝向骨盆。于是我便怀疑，猩猩的肝脏兴许也有着为承受重力服务的形态。

通过观察，我们发现猩猩的肝脏不仅与横膈膜紧密相连，其边缘也不像寻常的四足动物那样凹凸不平，总的来说就是“轮廓圆润”。我们借助 CT 扫描等工具记录了肝脏的形状，探讨了其具体的圆润程度。种种迹象显示，它们让肝脏进化成了圆润的一团，如此一来，即便重力自骨盆一侧而来，肝脏的边缘部分也不至于被其拉扯变形。总之，类人猿悬吊内脏的方法和内脏的比例仍有许多尚待阐明的问题，需要我们进一步探讨。这些问题定会告诉我们一些重要的信息，有助于我们了解人科动物内脏形状的特征。

从四条腿改成两条腿看似简单，但是通过上述分析，想必大家已经认识到了，这可不仅仅是“腿的数量减半”的问题，与之相关的设计迭代和改造涉及每个细节。关于内脏还有许多内容可聊，但今天姑且说到这里吧。让我们把视线转回双腿的运动，研究一下臀部肌肉与大腿根部。

巨大臀部的奥秘

话说我上初中的时候，日本女子花样滑冰的奥运会代表选手渡部绘美有一位宿敌，名叫丹尼丝·贝尔曼（Denise Biellmann）。她是瑞士人，生于 1962 年。贝尔曼有一项以她的名字命名的绝技“贝尔曼旋转”（Biellmann Spin）。运动员单腿站立，另一条腿从背后弯起至头顶，双手从身前抬高抓住这只脚，同时旋转……在 20 世纪 70 年代，这个动作有着极大的震撼力，足以让观众啧啧称奇。

时过境迁，在 2006 年的都灵冬季奥运会上，每位运动员都理所当然地使出了“贝尔曼旋转”。不知道 30 年后日本人还记不记得金牌得主荒川静香选手的招牌动作“伊娜 · 鲍尔”[①]，但贝尔曼的名字定能永垂不朽。虽然贝尔曼本人无缘奥运会奖牌，但她留下了以自己的名字命名的动作。作为运动员，这也算是无上的荣耀了。

在解剖学层面，值得我们高度关注的是“贝尔曼旋转”中向后抬起腿的动作。将腿朝躯干后方高高抬起，正是双足行走动物的专利，堪称智人的“奥义”。将腿甩向骨盆后方，是我们人科的独门绝招。那就从前面提到的杯状骨盆说起吧。

如前所述，人类用扩张的骨盆托住了内脏。然而，若是细细审视硕大骨盆的本质，我们便会发现，人科并不单单是为了托住内脏才进化出了一个巨大的杯状髂骨。让我们从斜后方观察一下这个部位吧（图 40）。

若以骨盆为参照物，人科与四足行走的猿猴的大腿骨骼（股骨）的生长方向差了 90 度。猿猴与普通四足动物只需驱动与水平放置的骨盆几乎垂直（夹角略小于 90 度）的股骨，就能完成行走的动作。人科的情况却截然不同。垂直立于地面的不光是股骨，竟然还有脊柱（图 40）。要知道，骨盆在猿猴体内

---

① 花样滑冰大一字步的一种变体，以创造者、20世纪50年代曾三次获得世界冠军的联邦德国运动员伊娜 · 鲍尔（Ina Bauer）命名。

是与脊柱平行的。

因此人科在行走时面临着非常重大的问题。道理很简单，大家不妨一边前后摆摆自己的大腿，一边琢磨看看。你会发现，四足动物的骨盆和股骨在向后踢腿时形成的位置关系，非常接近我们人类平时站立时的状态。人类直立不动时，脊柱、骨盆和股骨都在一条直线上。粗略来看，这与四条腿的动物用力向后甩腿时的姿势有着异曲同工之妙。

这意味着我们在走路时会遇到大麻烦——我们必须把已经往后甩了许多的股骨再往后甩一些，否则就没法行走了，不是吗？没错，这就相当于四足动物每走一步，都得做出“把后肢

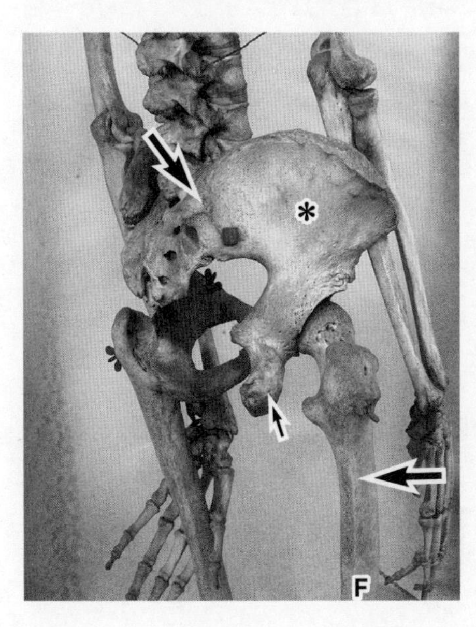

图 40　人体腰部右后视图。F 为股骨。大而宽的髂骨（*）自下方托住内脏，从此处延伸至大腿的大块肌肉（臀大肌）十分发达，使人可以向后弯腿。大箭头表示串起髂骨和股骨的臀大肌的附着部位。这块肌肉位于行走运动不可或缺的重要位置。小箭头表示坐骨所在的区域，股二头肌始于此处

日本国家科学博物馆藏品

甩向天空”这般骇人听闻的动作。

为了解决这个问题，人科进行了相当高明的设计迭代。那就是以“与地面垂直而立的骨盆”为起点，把腿进一步往后甩。首先，为了防止股骨因这种牵强的弯曲动作脱臼，股骨嵌入的髋关节凹陷变深了，以确保“后肢”被牢牢固定在骨盆上。尤其值得注意的是，人类进化出了更大的臀部，打造出了为“向后甩腿”服务的肌肉。

裸体人类身上最惹眼的部位确实是巨大的臀部。人进化出了比猿猴大得多的髂骨（图 39、图 40），利用其扩大的面积发展出了大到无可比拟的臀部肌肉，一路伸向双腿。因此，体重不过 50 千克左右的人科动物（至少是智人）才有了相对于体格而言异常巨大的臀部骨骼与肌肉。

各位读者也许已经习以为常，殊不知就动物各部位的比例而言，这般大的骨盆和臀部肌肉实属诡异。臀部的肌肉称“臀大肌”（或“浅臀肌”），连接髂骨背侧与股骨后部表面（图 40）。这个位置上有一大块肌肉，便有可能自垂直的身体轴线进一步向后踢腿。这相当于让四条腿的动物把后腿甩向天空，它们绝对做不到。

谈论美女的身材时备受关注的“骨盆侧面凸起”，倒不一定是为臀大肌服务的。这个问题牵涉到少许专业知识。骨盆的横向扩张与臀部的宽度直接相关，而扩张的最大受益者是位于臀大肌旁边的臀中肌。这块肌肉始于展开成杯状的人体骨盆外侧（起始面很大），终于股骨外侧，可拉动大腿。臀大肌在双足行走的踢腿动作中起关键作用，备受关注。臀中肌受到的关注虽说不及臀大肌，但它也是双足行走必不可少的一块肌肉。尤其是在大腿向外甩或张开双腿的时候，臀中肌起主导作用。不过内八字、罗圈腿等姿势也离不开臀中肌。与只能催生出单调运动的臀大肌相比，臀中肌可以让大腿进行更复杂的运动，所以它们看似朴实无华，却在双足行走中起到了非常重要的作用。人类在行走的过程中会出现“单脚悬浮于空中”的瞬间，而在这个时候于髋关节周边控制左右平衡的，正是这块臀中肌。

肌肉的设计迭代

在四足行走时代，臀大肌和臀中肌的地位都不算高，不是什么至关重要的肌肉。当然，臀肌在普通动物身上也是髋关节伸屈的主要动力源，不容遗忘。不过四足哺乳动物用于行走的强大肌肉是股二头肌，它有着完全不同于臀肌的设计图纸（图41）（远藤秀纪《牛的动物学》《哺乳类的进化》）。对所有使用四肢的哺乳类而言，股二头肌是大腿后踢运动中最重要的肌肉。在研究普通四足哺乳动物的步态时，科学家最先关注的也是股二头肌，足见其重要性。

股二头肌与臀大肌最明显的区别在于肌肉的起点。如前所述，用于双足行走的臀肌群主要始于髂骨，尽管具体位置各不相同；股二头肌的起点则是被称为“坐骨”的部位（图40）。

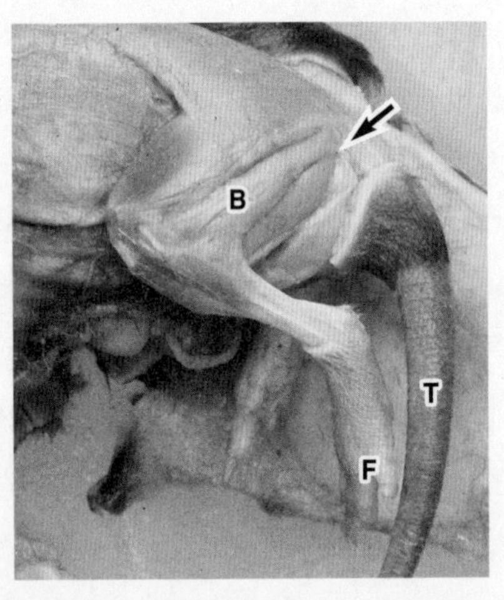

图 41 四足哺乳动物“稻田猬”的左后腿外侧视图。皮肤虽已去除，但脚趾（F）、尾巴（T）等部位依然可见，因此不影响大家理解该动物的形态。对四足动物而言，行走时最为重要的肌肉莫过于股二头肌（B）。与臀肌不同的是，这块肌肉始于骨盆的坐骨（箭头），覆盖了从大腿、膝部到小腿的广泛区域。普通四足哺乳动物就用这块肌肉蹋地前进

以四足行走时，与地面平行的骨盆要把股骨向后拉，而始于坐骨的股二头肌处于促成这个动作的理想位置。但人把骨盆立起来了，即使用肌肉将坐骨和股骨连接起来，也无法获得将大腿向后拉的动力。股二头肌就这样把行走的主导地位让给了臀肌群。事实上，与臀大肌相比，人类的股二头肌已经缩小到了可以忽略不计的程度。这也是人类过渡到双足直立行走时代所需要的设计迭代。在为双足行走服务的设计迭代中，巨大的杯状髂骨及其周围的发达臀肌堪称最富戏剧性的改造点。

实话告诉大家，我本有些犹豫要不要在这一节中提到阿法

南方古猿和东非的其他双足行走先驱。因为早期猿人的双足行走方式还有许多未解之谜。比如，之前提到的露西虽然为我们留下了非常完整的骨盆化石，但关于“阿法南方古猿是否真的像智人那样将骨盆垂直立起”这一点，学界尚有争议。尤其是阿法南方古猿的髋关节似乎还没有彻底完成针对双足行走的进化。当它们和人类一样向后踢腿时，股骨可能会脱出骨盆。换句话说，如果它们试图用人类的姿势行走，大腿搞不好会脱臼。早期猿人的骨盆与股骨究竟呈怎样的角度，是一个有待研究的课题。

别出心裁的 S 形

其实自垂直立起的骨盆向上延伸的脊柱与“笔直”二字相去甚远，想必很多读者也有所耳闻。从侧面看，人类的脊柱呈巨大的 S 形，这也是人类身体结构的一大特征。而且这个 S 形的弧度并不均匀，它自颈部下降，在胸部附近朝背侧缓缓鼓起，又在腹部画出和缓的弧线，到了腰部又急剧弯向背侧，最后到达尾部（图 42）。

事实上，包括猿猴在内的大多数普通哺乳动物的脊柱也有一定的弧度，并非笔直（图 43），会在胸部附近朝背侧稍稍弯曲。若将脊柱连同骨盆垂直立起，受影响最大的就是腰部周边。骨盆是立起来了，但与骨盆形成关节的骶骨仍处于严重前倾的状态。在四足行走时代，一连串脊椎只需自骶骨出发，形成和

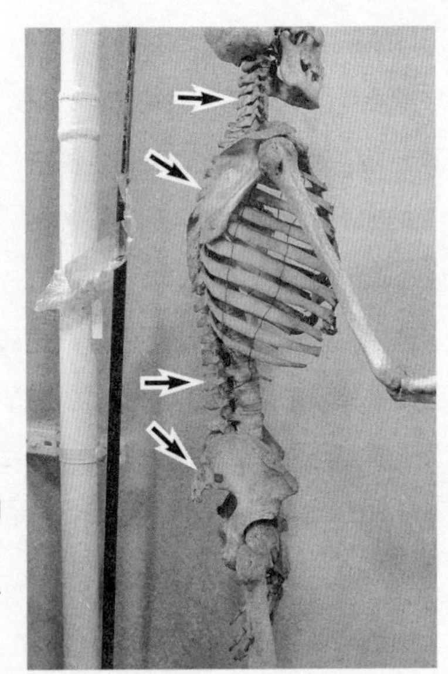

图 42　人体脊柱侧视图（箭头）。脊柱并非直线，而是串联成 S 形。这是人科设计迭代的标志
日本国家科学博物馆藏品

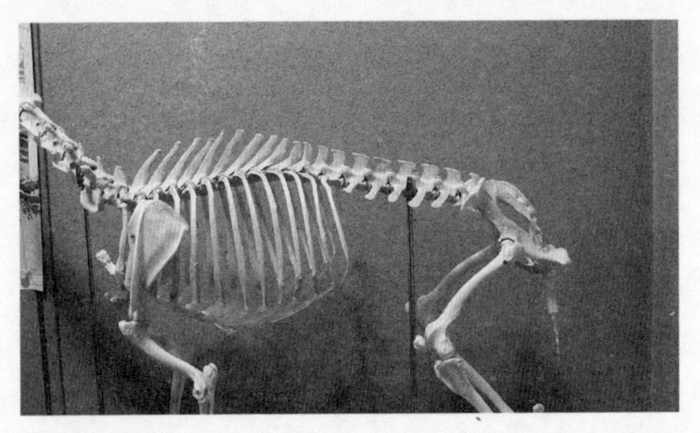

图 43　典型的四足动物（鹿）的脊柱形态。整体是平缓的曲线。从概念上讲，将图上的脊柱垂直立起，就成了人的脊柱
日本国家科学博物馆藏品

缓的曲线即可，但人类的脊柱必须直冲天空。因此，人类的脊柱在腰椎处来了个急转弯，朝着与地面垂直的方向向上而去。并不优美的 S 形脊柱曲线就此形成。

这个 S 形在决定人体重心位置的环节发挥着重要作用。无论是你家的宠物狗，还是我行我素的猫咪，四条腿的哺乳动物在行走与奔跑时会把重心放在身体的前半部分，就好像体重全在前腿上似的。因此，“将上半身立起来，把重心转移到后肢的正上方”的难度肯定相当之大。于是人科便借助这种 S 形将上半身的重量往后转移，从而将躯干和头部固定在股骨的正上方。眼下我们还无法确定人科先驱候选者——阿法南方古猿将重心转移至后肢的方法是否与我们完全相同，但种种证据表明，猿人也是通过将脊柱改造成 S 形获得了双足直立行走的能力。换言之，S 形是维持前后平衡所必需的设计。

本章的主题是人类的设计迭代与改造有多么出色，以及随之而来的种种“命中注定”的缺陷。不过人类对骨盆的改造着实干净利落，不佩服不行。将重心往后移，自立起的骨盆向后踢腿——在借助全方位的改造，将四条腿的身体改造成两条腿的身体的过程中，这也许是所有可行的设计迭代中最为简约的设计。

顺便一提，前面提到的“贝尔曼旋转”当然离不开格外柔软的身体，普通人模仿不来。髋关节的形状和驱动骨骼的肌肉运动能力也是因人而异，视天资与受训练程度而定。不过真要说起来，“贝尔曼旋转”并没有彻底脱离智人那辉煌的设计迭代。请大家注意，运动员做这个动作时，都会先将骨盆大幅前倾，然后再开始旋转。在进入旋转状态之前，运动员已经弯下了腰，使骨盆来到了非常低的位置，在某种意义上与四足行走的动物相当。

只要一个人天生身体柔软，再接受一定程度的训练，就能通过倾斜骨盆把向后弯曲到极点的腿伸到头顶。至少，人类的髋关节已经完成了使这个动作成为可能的设计迭代。再加上髂骨和臀肌的协助，那个绝招对智人来说就是“触手可及”的动作。那种动作固然是只有少数人经过非比寻常的训练才能做出的，但我们完全可以说，人类在进化层面的设计迭代为那样一个看似神奇的动作铺平了道路。反过来说，猴、狗、牛、鼠等动物的骨盆本就呈水平状态，因此受骨骼结构的影响，它们的髋关节并不具备帮助身体完成华丽的冰上旋转的可能性。

3-3 灵巧的手

为了转动拇指

被类人猿抛向空中的骨头逐渐变成极具功能美的太空船……电影《2001 太空漫游》的开头应该给许多读者留下了深刻的印象。前肢本是让动物向前行走的部位，没想到它一旦获得自由，便开始抓握树枝、搬运食物、制造工具，最后甚至发展到缔造文明的地步。当然，这也离不开大脑在某种程度上的同步进化，但我们不得不说，前肢的进化完全锁定了人类的命运。

在接下来的部分，我想与大家聊一聊我们的前肢，尤其是位于前肢尽头的拇指及其周边的结构。与整个人体相比，拇指不过是一个极其微小的零件，但是在这 500 万年的岁月里，拇指那别出心裁的进化堪称身体史上最为复杂，也最为成功的设计迭代之一，值得被我们铭记。

人类改用双足行走带来的头号益处，莫过于“为前肢卸下了支撑体重的重责”。如果改变止步于此，人类的双手本可以告别负担，轻松不少。然而，人科竟过上了用前肢昼夜操劳的生活。移动的重任改由后肢承担，前肢不再参与行走。一身轻松的前肢，竟演变成了助人类称霸自然界的一大“武器”。

人类对被迫“下岗”，一时间无所事事的前肢肢端部分进行了非凡的设计迭代，使其演化出了前所未有的精巧机制。这种机制，就是所谓的“拇指对掌功能”。

百闻不如一见。请各位读者随便拿起一个东西体验一下。苹果、棒球、厚厚的书……拿什么都行。尽管惯用手有左右之分，但只要不是性格特别乖僻的人，都会用拇指和其他四根手指夹住那个东西。人类能让拇指和其他手指“面对面”，以便握住东西。

“这不是很正常吗？有什么了不起的啊？”

肯定有读者产生这样的疑问。

但是请大家环视四周。你家的狗行吗？街头巷尾的猫行吗？宠物店里的小老鼠行吗？赛马场的马呢？动物园里的大象和长颈鹿呢？仔细观察看似能“抓”住东西的兔子、松鼠与仓鼠，你就会发现它们并没有改变拇指的朝向，只是用大面积的“手掌”和长长的“手指”捧着罢了。想必大家已经反应过来了。世间的动物多如繁星，我们人类却是唯一可以自手腕附近转动拇指，使其靠近其他手指，并使出一定的力量抓握物体的动物。

专家将这种转动拇指周边的机制称为“拇指对掌功能”。为什么只有人类进化出了这种结构？我们很难给出一个直截了当的答案。不过，人科有一项显而易见的特征，那就是彻底解放了前肢，不再将其用于步行。此外，还有一项关键因素是，虽然灵长类没有普遍实现拇指对掌功能，但它们本就有包括拇指在内的许多根手指，有条件通过相对较小的设计迭代实现拇指对掌。说白了，就是相较于用“一根中指”跑来跑去的马、几乎只剩下“中指和无名指”的牛等动物，朝人类进化的灵长类有着更容易实现拇指对掌功能的基础。

实现拇指对掌

讲到这里，我必须先在形态层面为大家解释一下拇指对掌功能的机制。为什么人类能够做出这种“转动拇指抓握物体”的动作？因为我们的第一掌骨和大多角骨之间，形成了一个奇妙的曲面关节。大家千万别被突然出现的骨骼术语吓到了。所谓“第一掌骨”，就是与拇指相连的手掌骨骼。“大多角骨”则是一块不算大的骨骼，位于手腕，与第一掌骨相连（图 44）。

进化为这两块骨头打造了非比寻常的关节面，使两块相接的骨骼可以向两个不同的方向弯折。如图所示，曲面形似马鞍，因此这种形状的关节通常被称为“鞍状关节”（这种关节不仅限于人手）。不过，如此典型的鞍状关节实属罕见。多亏了这个关节，拇指根部的掌骨不仅能以手腕为基点反复弯折拉伸，还能旋转近 90 度，朝向其他手指。

除了骨骼，肌肉也在拇指对掌功能中发挥着关键作用。为了让拇指对着掌心的掌骨，我们大致要用到三种肌肉：拇对掌肌、拇短屈肌和拇收肌（图 45）。

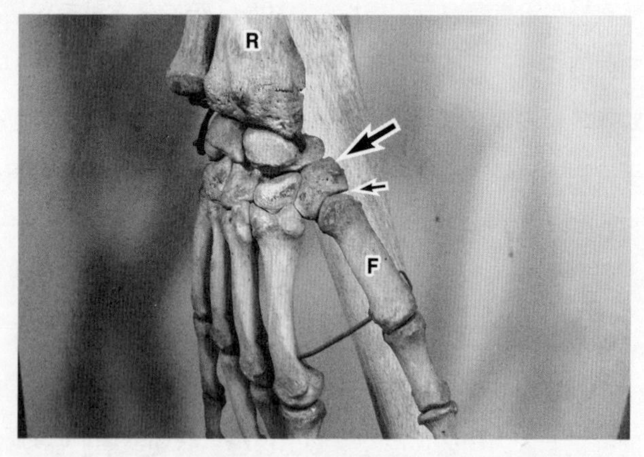

图 44　人类右手的第一掌骨（F）与大多角骨（大箭头）。小箭头指向被称为“鞍状关节”的关节面。多亏这个高度灵活的关节，第一掌骨才能连同拇指一并转动，实现拇指对掌功能。R 为桡骨（前臂骨骼）
日本国家科学博物馆藏品

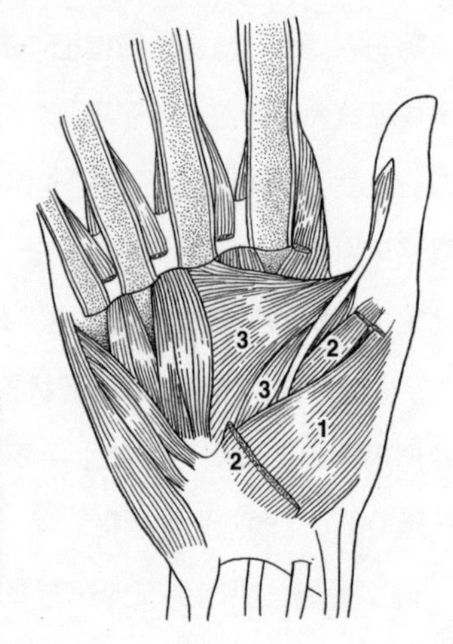

图 45　实现人类拇指对掌功能的肌肉（以右手为例）：拇对掌肌（1）、拇短屈肌（2）和拇收肌（3）。读者朋友们可对照自己的手掌，把握这些肌肉的实际位置

如前所述，只有人科实现了拇指对掌功能。不过除去少数例外，许多灵长类动物已经发展到了离拇指对掌一步之遥的阶段，尤其是类人猿（图 46、图 47）。只是类人猿与人类的功能完善程度实在相差太多。黑猩猩的拇指对掌功能只能算“半成品”，它们固然能模仿人类的某些动作，但其动作终究难以

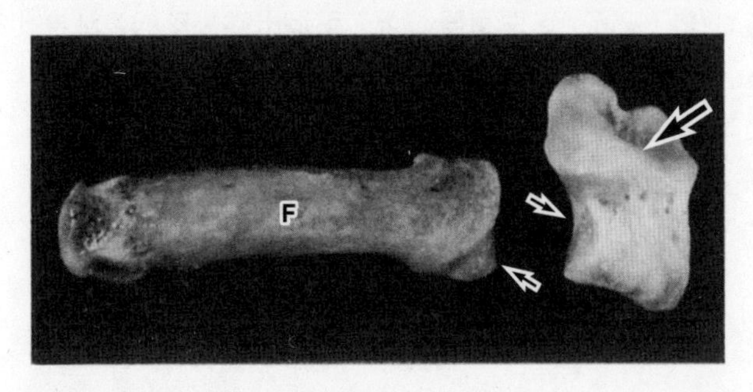

图 46　黑猩猩的左手第一掌骨（F）与大多角骨（大箭头）。鞍状关节（小箭头）已经形成，但拇指对掌功能尚不完善
转载自《日本野生动物医学会志》

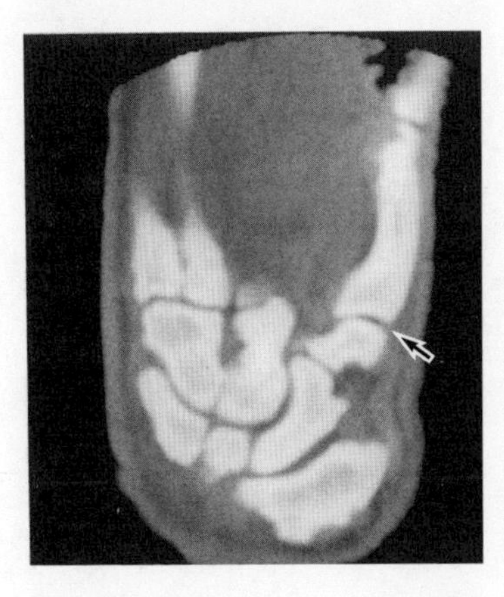

图 47　黑猩猩手掌的 CT 扫描横切面图。上方为手指，下方为手腕与手臂。乍看与人类的手掌相似。箭头所指即性能尚待提升的鞍状关节
转载自《日本野生动物医学会志》

与人类的拇指对掌比肩。这一点也体现在肌肉的尺寸上。拇对掌肌负责让拇指朝向其他四指，并以一定的力量扣紧。与众多灵长类“亲戚”相比，人类的拇对掌肌大得出奇。拇指根部到手腕的大块肌肉群与生俱来，恐怕大家从没觉得这个部位有什么稀奇。殊不知在万千哺乳类之中，唯有朝人科进化的我们装备了这件利器，而它正是出类拔萃的设计迭代的结果。

3-4　巨大的脑

大脑的“能力”

人之所以为人，皆因会思考。无论研究对象是人还是动物，要想回答“大脑具备多少思维能力”这个问题，都得先从解剖学角度入手。

头部较大的动物，大脑自然也会偏大一些，或是具有相对复杂的脑沟。其实，分析大脑与分析身体其他部位的思路并无区别，都要先看各个物种特有的大小与形状。当然，如果你坚称大象的大脑比能探讨哲学问题的智人更“大”，那就说明你没找对分析形态的维度。我们的体重不过 50 千克左右，而“小飞象”的原型重达 5000 千克，直接比较两者的脑容量没有任何意义。

那就做一道老套的除法题——脑容量除以体重，看看能得出怎样的结果吧。表 2 基于常用数据，比较了各种动物的脑容量（按体重顺序排列）。请大家重点关注表格最右侧的“脑化指数”栏。脑化指数的计算公式是“脑容量除以体重的 2/3 次方”。受体形影响，某些物种的大脑能力并不强大，但乍看之下脑容量似乎很大，脑化指数就是为修正这种情况而存在的。学者提出了若干种体现大脑功能的指数，下面我仅以脑化指数为例，对大脑进行深入的探讨。

表 2　脑化指数对比

生物种类	体重（千克）	脑容量（毫升）	脑化指数*
倭　狨**	0.072	6.1	0.352
蜂　猴**	0.27	6.5	0.156
野　兔	2.5	10	0.054
领狐猴**	3.4	32	0.142
东非黑白疣猴**	8.6	62	0.147
犬（比格犬）	10	75	0.162
黑猩猩**	45	390	0.308
猩　猩**	55	420	0.290
人**	65	1400	0.866
马（纯血马）	600	600	0.084
牛（荷尔斯泰因牛）	650	450	0.060

体重与脑容量引用标准值与实测值。
家畜数据由佐佐木基树博士（带广畜产大学）提供。
*脑化指数（表内数字为方便理解已统一位数）=脑容量/（体重的2/3次方）；
**代表灵长类。

至于脑化指数有什么用，我们可以笼统地说，数字越大，就说明该物种越“聪明”。如表 2 所示，猿猴（即灵长类）的脑化指数普遍较高。猿猴确实具备相对较大的大脑，大脑的实际功能也很强大，担得起“聪明”二字。

正如我在介绍普罗猿的时候提过的那样，“爬树”这一生活方式显然促进了大脑功能的发展，催生出了更大的大脑。除去灵长类，兔、牛、马等食草动物的大脑相对较小，狗的数值倒是直逼部分灵长类。一般来说，食肉动物需要做出各种敏捷、激烈的动作，有时还需要制订复杂的捕猎策略，所以它们的大脑比较发达。当然，我们无法据此简单粗暴地比较当家畜饲养的马和宠物狗孰优孰劣，所以脑化指数终究只是一个粗略的参考标准。

再看看我们人类的表现吧。脑化指数高达 0.866，其他动物望尘莫及。人类能缔造文明，能发动战争，能醉心于美与艺术的创造，能开展学术研究、探寻宇宙的真理。唯有异常庞大的大脑，才能造就这样的能力。

在灵长类中，只有黑猩猩、猩猩等能力出众的类人猿跟得上人类的脚步。可即便是它们，脑化指数也不过 0.3 左右。倭狨的数值略高，但这不过是因为它们是灵长类中体形格外娇小的一类，而体重作为分母对脑化指数产生了较大的影响。

顺便一提，化石数据告诉我们，开启人科历史的东非猿人阿法南方古猿体重约 50 千克，脑容量为 400 毫升左右。这意味着单论脑化指数，露西小姐的大脑性能与黑猩猩、猩猩等类人猿相当。

出类拔萃的“大”

请大家再浏览一遍表 2，确认一项非常简单的事实：人类的脑化指数之所以一骑绝尘，并非因为我们的体格与倭狨一般娇小，而是因为我们的大脑本就大得出奇。我们是智人，“脑袋大”是理所当然的。

然而，我们的大脑实在大得诡异（图 48），直叫人不禁发问：

“再怎么样，也不至于演化出这样的脑子吧？”

在进化的过程中，究竟发生了什么？

请大家回忆一下之前讨论过的内容：脑容量为 400 毫升的阿法南方古猿与脑容量为 1400 毫升的智人，大致相隔不到 400 万年。400 万年看似漫长，但考虑到哺乳类至少在地球上繁衍生息了 6000 万年，其历史甚至能一路追溯到 2 亿年前，400 万年也不过是一眨眼的工夫。那么在此期间，人类究竟经历了什么，以至于大脑的体积扩大到三倍以上呢？

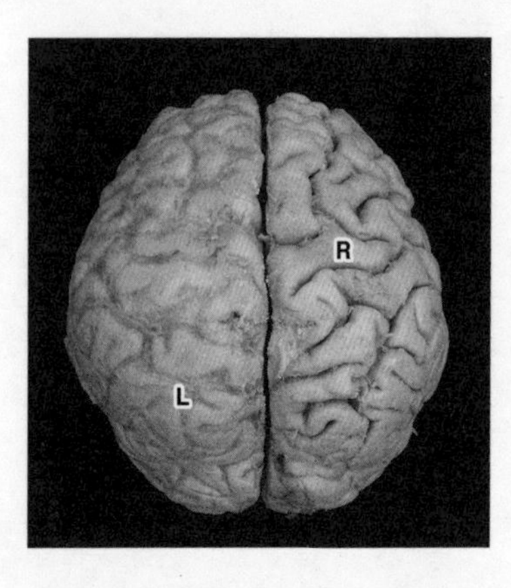

图 48　福尔马林中的人脑标本（头顶俯视图）。上方对应前额，下方对应后脑。L 为左半脑，R 为右半脑。脑容量为 1400 毫升。这样的大脑对于体重不过 50 千克左右的动物来说着实巨大。左半脑保留了包裹大脑的膜，所以大脑表面没有直接暴露
图片由兵库医科大学关真博士提供

解剖学家在这里引入了一个概念：工具。现存的类人猿（如黑猩猩和猩猩）有着与阿法南方古猿相差无几的脑容量，它们幸运地活到了今天。因此，若想研究大脑的演化历史，你家周边的动物园饲养的类人猿能告诉我们的东西也许比露西亲戚们的化石更多。事实上，我们已经通过研究类人猿取得了一系列的成果，在某种程度上阐明了猿猴（即动物）的大脑如何演化成了人类的大脑。种种迹象显示，使用、制作工具等用双手完成的细活，似乎加速了大脑的复杂化与巨大化。

仅仅是“把手边的东西用作工具”，就有助于培养手部的精细抓握调节能力。众所周知，野生黑猩猩会用石头敲开坚硬的树果，猩猩则会用树枝测量水深，判断自己能否安全渡河。我们早就知道，亚洲的类人猿会把大树叶当伞撑，在下雨天保持身体的干燥。最近还有人观察到，大猩猩会将树枝插进沼泽地试探深浅，在行走时用树枝支撑体重。虽然一切只是推测，但这些行为恐怕早在人科诞生之初就已经出现了。不难想象，正是这些行为带来了脑容量的扩大与大脑功能的急剧增强。

左右分工

人科的特殊之处，不仅在于“使用工具”，更在于“制造工具”。猿人早早就掌握了打碎石头、制造石器的本领。事实上，人们在非洲发现了许多石器，据说其历史可追溯到 250 万年前。这一时期最具代表性的猿人被称为“惊奇南方古猿”

(Australopithecus garhi)。它们出现的时间略晚于阿法南方古猿。化石证据显示，它们的大脑还没有超过阿法南方古猿，但已经演化出了更长的脚等形态。种种迹象表明，惊奇南方古猿会制造石器，并用它们肢解动物，方便进食。人们在其化石附近发现了大量石器碎片和极有可能是被石器肢解的动物残骸。

惊奇南方古猿的石器不过是打碎的石块。作为人造物，实在是粗糙得很。可即便如此，它们若是没有地球上的其他物种所不具备的灵巧双手，就不可能做出那样的东西。而且双手的不对称性，即“惯用手”的确立，也极有可能出现于人科进化到“制造工具”的阶段后。

在棒球赛场上，左投手能有效封锁左击者，可谓制胜利器。但惯用手不单单是“用哪只手来做动作”这种形式层面的问题。动物的大脑分为左右两个半球，神经主要交叉于延髓，于延髓接收并发送指令，因此左脑控制着右半身的大部分感觉和运动功能，右脑则控制着左半身。人科出现“惯用手”，意味着左右脑的发展并不均衡，而是出现了各有偏重的功能分化。

其实现存的类人猿也确立了所谓的惯用手，左右脑的分化也已明确出现。类人猿虽能灵巧地使用工具，但不会制造石器，不过在这一阶段，左右脑的功能就已经开始分化了。当然，随着人科的生活变得越来越复杂，其惯用手也开始执行越来越困难的任务，这进一步加快了左右脑的功能分化。例如，研究结果显示，现代人在进行计算的时候，左脑会被激活，而想象事物的时候，右脑则会更活跃。换句话说，人的大脑会根据任务左右分工。我们接下来要讨论的“左右脑在语言方面的分工”也许是最具戏剧性的变化之一，堪称大脑的设计迭代。

功能分化因何而起

“为什么双足直立行走是人科发展出语言的必要条件？”在正式探讨语言功能之前，我想先把这个问题解释清楚。用两条腿走路，为人类铺平了改造结构的道路，使更复杂的语言交流成为可能。整件事有着非常清晰的条理。

学界主流观点认为，直立使人科的喉咙受重力的影响下降，于是喉咙的周边就形成了空洞。人科生物可借助这一空洞，以肌肉的细微动作振动空气，生成各种细腻的声音。换句话说，多亏重力的方向倾斜了 90 度，人科才能创造出使用语言所必需的独特发声器官。发声所需的“音响设备”极有可能是意外的产物，是双足直立行走的副产品。

喉咙下降的时间当然略晚于双足直立行走。猿人的发音机制似乎尚不完善，但是当人科进化到直立行走的阶段时，喉咙位置已经完成了一定程度的下降。我们可以根据其颅骨化石推断出大脑的形状，而一些研究结果表明，直立人大脑中控制语言的部分可能已经开始显著发育了。

随着人科的进化，语言中枢明显集中在了左脑。为什么偏向了左边，而非右边？说我们对真正的原因一无所知都不为过。虽说存在性别与个体差异，但人类的语言中枢中最为重要的部分普遍集中在左脑。为了适应前所未有的复杂生活，人类在大约 500 万年时间里重新设计了左右半脑的功能和形态。

作为补充，我想给出一项非常简单明了的数据：成年人的脑容量确实存在一定的左右差异。研究人员抽取了大量随机样本，发现在大多数情况下，人的左脑大于右脑。虽然各位读者没有做过测试，但是根据概率论，你的大脑也很有可能是左侧略大。人类是右撇子占多数，左右半脑的发育过程可能也并不同步，很可能是控制右手的左半脑发育较快，导致了“左半脑较大”这一不均衡的结果。稍后将会提到的“学会语言”也被认为是导致幼儿期左脑发育快于右脑的一大因素。

制造工具和双足直立行走为人类带来了全新的可能性，而这些可能性最终以惯用手和语言的形式“开花结果”。在这个过程中，大脑的左右半球出现了决定性的分化。实验表明，与人类相去甚远的低等动物（如青蛙）也有类似于“惯用手”的现象。一言以蔽之，也许脊椎动物的大脑本就不可能均衡发展。然而，这样的泛泛而论与“人科大脑改用左右分工型设计”是两回事。换言之，只有朝我们人类演化的一脉才不惜大规模且不对称地运用左右脑这一结构，以便开展更高水平的智力活动。

人类独有的事例

有一种疾病只会在人类身上体现出不幸的症状，那就是脑梗死。想必很多人都知道，脑梗死的典型症状正说明了大脑功能在控制语言和惯用手方面的局部性。脑梗死会使大脑某个特定区域的血流停止，导致由该区域的血管供血的部分停止工作。脑梗死导致左脑局部“死亡”的情况并不罕见。一旦出现这种情况，在延髓交叉的神经所控制的部分，即右半身的运动和感觉功能就会陷入停滞。然而，问题不止于此。集中于左脑的语言中枢也可能出现不同寻常的功能失常。

人脑有两个著名的语言中枢集中在左脑，即“运动性语言中枢”与“感觉性语言中枢”。前者位于额叶（即大脑前部），又名“布洛卡区”（Broca’s Area），得名于对其研究做出巨大贡献的法国外科医生；后者则位于颞叶（即靠近大脑侧面的部位），又名“韦尼克区”（Wernicke’s Area），得名于研究过该部位的德国精神病学家。

布洛卡区负责下令“以声音的形式说出语言”。该部位一旦因脑梗死受损，人就会陷入“头脑明明很清醒，明明知道自己想说什么，却无论如何都没法把话说出来”的状态。照顾过脑梗死病人的朋友都知道，只要我们就病人想说的话给出提示，病人往往可以通过“动动左手”之类的形式明确表达自己的想法。惯用的右手和运动性语言中枢双双陷入功能障碍，是人科特有的“大脑不对称进化”的结果。韦尼克区出现特异障碍的症状则是患者的发声功能完全正常，却只能说出一连串莫名其妙的单词，滔滔不绝却不知所云。

显而易见，在朝智人进化的道路上，大脑变得异常巨大，以获得足以支持灵巧双手的能力，功能的分化也在同步推进。我们完全可以将这一历程理解为“调整设计、创造人科”的过程。如果人之所以为人，是因为有巨大的大脑，那么改写大脑设计图纸的历史，也就是人类的进化史。

关于大脑的话题就说到这里。让我们再将视线投向离头部相当遥远的器官，细看设计迭代的奥妙。

3-5　女性的诞生

被月亮迷住的器官

智人女性有着为期 28 天左右的月经周期，可惜我作为男性无缘亲身体会。乍看之下，月经周期似乎与天文现象有着千丝万缕的联系，不过这般温馨有趣的话题还是留给其他作者探讨吧。本章的最后一个主题是：“人类为何进化出月经？”

不幸的是，这是一个无论男女都不太感兴趣的话题。之所以说它不受关注，是因为在广大女性看来，月经是非常理所当然的事情，而男性则对它一无所知。更可笑的是，其实医生对这个问题也全无兴趣。医生当然知道月经这种现象的存在，但对人类来说，有月经再自然不过了，所以他们不会质疑月经存在的原因，也不认为它是一个谜。

在动物学家眼里，月经是一种奇妙至极的现象，因为他们确信，月经本身并不能为女性提供任何生存优势。每月一次，消耗全身的营养——站在营养生理学的角度看，月经有百害而无一利。如果早期人科成员作为野生动物与其他动物长期展开你死我活的竞争，哪怕月经对个体生存的不利影响不算太大，它也不应该留在智人女性身上。因为一种现象若对个体造成如此普遍的不利，它就应该在自然选择的作用下消失。这种思路非常合情合理。

事实上，虽然哺乳动物种类繁多，但只有部分比较高等的灵长类（如类人猿、狒狒、猕猴等）进化出了和人类有着同等性质的月经。换句话说，月经几乎是人类的专利。如此看来，在探讨本章的主题“人科的进化”时，月经也是绝佳的题材。

当然，月经无法以化石的形式保留下来，所以我们无法在科学层面确定月经具体出现于哪个历史时期。但是根据现存的灵长类推测，月经极有可能确立于人科形成伊始。

在初中的理综或保健课上，学生会学到“卵泡期”和“黄体期”这两个概念。它们指的是女性左右两侧的卵巢（图 49）所处的阶段。在大约 28 天的性周期中，卵泡期约占一半，另一半便是黄体期。

人的卵巢会用许多天推动卵泡的发育。大家不妨回忆一下初中课堂上讲过的内容：在这一阶段，卵泡会分泌一种叫“雌激素”的激素，作用于子宫。受其影响，子宫会增厚子宫内膜，为可能出现的受精卵着床做好准备。排卵后，排出卵子的卵泡会形成名为“黄体”的组织，分泌一种叫“黄体酮”的激素。如果怀孕，则黄体不立即萎缩，而是持续分泌黄体酮。黄体酮

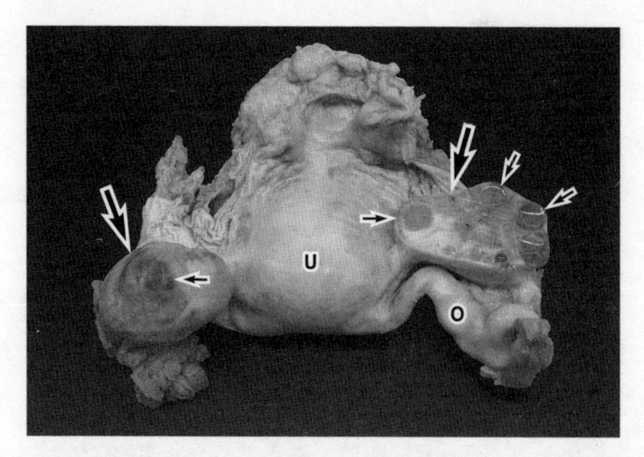

图 49　福尔马林中的女性生殖器标本。大箭头指向左右卵巢。小箭头指向正在发育、相对较大的卵泡。右侧卵巢用手术刀切开，展示了卵泡的横截面。U 为子宫，O 为输卵管。在照片中，子宫上方接着阴道
图片由兵库医科大学关真博士提供

有维持妊娠状态的作用，可抑制卵泡成熟，阻止下一次排卵的发生。

这些知识和经有关部门审查过的教科书上写的八九不离十。换句话说，只要教到这个层次，国民的知识水平就算达标了。但这并不能为“月经为何存在”这个问题提供线索。那就让我们放眼哺乳类，看看女性（或者说雌性）的生殖系统是何等多样，并以此为切入点，捋清卵巢设计迭代的概要吧。

人类的繁殖战略

首先有请动物繁殖生理学的女主角——褐家鼠（大家鼠）。

人类每28天排卵一次，而褐家鼠的排卵周期是4天（远藤秀纪《哺乳类的进化》）。这个繁殖周期未免也太短了，不过褐家鼠的寿命最多也就2年左右，所以对它们来说，这个节奏倒也合理。问题在于“为什么褐家鼠要以如此快的速度排卵”，即“褐家鼠的基本繁殖战略”是什么。

其实只要不发生交配与妊娠，褐家鼠就不会迎来真正意义上的黄体期。人类在排卵后，残存的卵泡会形成黄体组织。在之后的近2周时间里，人体会处于一种近似妊娠的状态，带着黄体消化天数，直到月经来临，进入下一个卵泡的成熟期。人类长达28天的排卵周期看似比褐家鼠“悠闲”许多，但我们也可以说，这是因为其中包含了褐家鼠所没有的黄体期。

不过仔细想想，在没有受孕的状态下维持黄体的时间似乎完全没有必要。如果哺乳类存在的唯一目的就是繁衍后代，那就应该让下一个卵泡赶紧成熟，迅速排卵，又何必浪费时间生成黄体。褐家鼠的一生就在切实执行这一原则，绝不在黄体上浪费时间。

回归原点细细琢磨，我们就会发现，在一个生殖周期上耗费整整28天的人类走了一条特别不合理的路，浪费了太多时间。身为动物，若能像褐家鼠一样，每4天迎来一次受孕的机会，似乎就足以达到繁衍后代的目的。可我们智人的受孕机会要28天才来一次。虽说我们建立了一个复杂到要拼命避孕的社会，但撇开这一点不谈，我们本就是一种极难受孕的动物。

顺便一提，普通哺乳动物的雄性和雌性是不会经常交配的。当然，物种之间存在一定的差异，情况各不相同，但“雌性只在排卵前后的一小段时间内接受雄性”才是常态。人类在这方面也相当奇特。我们一年四季都在“交配”。因为对女性而言，“交配”已变成一种无关生殖周期的沟通方式，这也是我们与其他哺乳动物的不同之处。

由此可见，人类大幅偏离了生物学层面的哺乳类繁殖模式。虽说这不如之前提到的骨盆设计迭代那般明显可见，却为人的特殊性奠定了基础，也称得上富有戏剧性的设计迭代。人类虽是哺乳动物，却以全新的机制，从根本上重构了自身的繁殖战略。

“不求奶妈”

说了这么多，想必大家对人类卵巢的设计应该已经有了初步的了解。但我还没有对“人类为何有月经”这个问题做出回答。让我们再次有请褐家鼠登场，以妊娠为前提展开进一步的分析。

褐家鼠在生育方面的“鼠”生规划呈现异常惊人的速度。毕竟，它们的妊娠期不过 21 天。子代在 3 周内断奶，发育到第 7 周左右就可以进行交配。之后每 4 天就会迎来一次交配分娩的机会。

那人类呢？假设人类抓住了 28 天一次的机会，成功妊娠，妊娠期也不可能只有短短的 21 天。宝宝需要经过大约 280 天的孕育才能降生，而且个体数大多数情况下不过是“1”。更要命的是，初生的婴儿相当虚弱，需要长期用母乳喂养才能平安长大。至少就原始人类而言，下一代的成长离不开长达一定时间的母乳喂养。

换句话说，人科长久以来应该都是用母乳哺育后代的。虽有个体差异，但人类的母亲普遍拥有持续泌乳 2 年以上的能力。有数据显示，南非原住民能持续喂奶 3 年以上。少喂奶会引发下一次排卵，进而使排卵与月经的周期恢复到孕前，想必很多女性朋友都亲身体验过。反之，只要宝宝还在吸吮乳房，母亲就很难排卵，也不容易来月经。

谁知，我们智人发明了一种叫“奶瓶”的工具。这项发明的历史并不算悠久。在日本，奶瓶是在明治维新时期从国外引进的，当时人们管它叫“不求奶妈”。据说奶瓶就是顶着这样一个商品名在日本的母亲之中逐渐普及开来，直至明治中期①。早期的奶瓶不过是装有橡胶吸管的普通瓶子罢了。

当年的日本人给外国进口的新奇工具起的名字真是太有品位了。看到奶瓶便想到“不求奶妈”这四个字，让我忍俊不禁，同时也对人类的语言能力佩服得五体投地。问题是，“不求奶妈”不仅仅是一种有趣而奇特的工具，它还暗藏着挑战智人生

---

① 明治为日本1868年至1912年的年号。

理特性的巨大能力。

事实上，奶瓶以迅雷不及掩耳之势彻底改变了女性的一生。母亲可以用奶瓶喂奶，迅速结束哺乳期。恐怕很多人都没有意识到，正是奶瓶造就了“现代女性”那特殊的生殖生理学条件。

为了帮助大家理解奶瓶是一种多么石破天惊的工具，让我们大致算一算“女性的一生”。

假设妊娠期为 1 年左右，没有奶瓶的母亲在产后还要哺乳近 2 年之久。换句话说，从怀孕到断奶，大约需要 3 年的时间。撇开奶瓶不谈，这就是人类原有的“设计标准”（性能）。

子代至少需要 15 年的时间才能繁衍下一代，完全无法与老鼠同日而语，毕竟人家出生 7 周就能当妈妈。现在的女孩营养状态好，而在初始状态下，人的性成熟时间会更晚一些，要到 17 岁、18 岁才能生育。如果女性在那之后每 3 年生育一个孩子呢？作为一种动物，在 32 岁、33 岁之前生下 5 个孩子，并把孩子养到断奶，恐怕就已经是人类的身体设计所能实现的生育极限了。

在非洲最贫穷的一些国家，人的平均寿命仍不到 40 岁，新生儿的死亡率也很高。影响数字的因素纷繁复杂，但粗略来讲，“17 岁初潮，此后不断怀孕哺乳，在不到 40 岁时死去”便是智人的初始设计图。

仔细分析智人女性的一生，我们便能做出这样的解读：主动拉长每次怀孕和哺乳的时间，在减少后代绝对数量的同时，对这些珍贵的“宝贝”进行稳健的“投资”，正是人类所选择的道路。换句话说，人类的卵巢与子宫向我们明确展示了“少而精”的繁殖战略。

人类为何有月经

看到这里，你定会意识到，我们在不知不觉中得出了那个问题的答案。把成年后的大部分时间耗费在妊娠与哺乳上，直到死去，很有可能是智人女性曾经的生活模式。每次怀孕和哺乳都留出足够的时间，确保成功。这就是动物属性的人类女性最为典型的人生轨迹。

奶瓶显然打破了这一常态。它缩短了女性的哺乳期，显著增加了女性一生的排卵次数和月经次数。奶瓶的出现，让本应把所有时间用于生育和哺乳的智人女性突破了原有的生理学设计。随之而来的便是更加频繁的排卵和月经。

当然，人类使用奶瓶的历史还非常短。在日本，奶瓶作为育儿工具广泛普及不过是明治时期的事情。相较于人类作为生物的历史，奶瓶的资历实在太浅。现代人用奶粉和牛奶喂养婴儿，过去则普遍使用羊奶，但这类母乳替代品与人类社会打交道的历史也不算长。

在现代社会，除了奶瓶和奶粉，还产生了许多偏离女性基本设计的事物。女子大学、职业女性、晚婚……不生育的女性也呈增加趋势。这些与女性的一生产生交集的新生事物，都偏离了动物属性的智人的初始设计。

月经初潮提前了，却迟迟不结婚。体验形形色色的恋爱，却不生孩子。这方面要遵循怎样的价值观取决于每位女性自己，并非本书讨论的对象。不过站在客观角度看，现代女性的全新生活方式显然完全不符合智人进化出来的、生物学层面的人生规划。现代女性过上了与妊娠、哺乳这两项生物学职责无关的生活。在成年后的许许多多年里，女性忘却了妊娠与泌乳，却继续与“月亮的诱惑”相伴。

“人类为何有月经？”

这个问题的答案已经清楚地摆在了大家眼前。智人女性一生的月经本没有如此频繁，以致在进化层面对女性产生不利。对原始人科生物而言，月经本不是一种会被视为弱点的现象。将妊娠与泌乳的循环减少至极限，把月经转化为“每月的理所当然”，正是因为我们人类过上了复杂到远超进化设想的社会生活。

被月亮迷住的卵巢——此前分析过的种种设计迭代简单明了，颇为有趣，而隐藏在卵巢机制背后的东西似乎有所不同。我们完全可以说，它是日趋复杂的现代社会的缩影，展示了人类正在创造出越来越多超脱身体初始设计的生活方式。

第四章 走进死胡同的失败之作

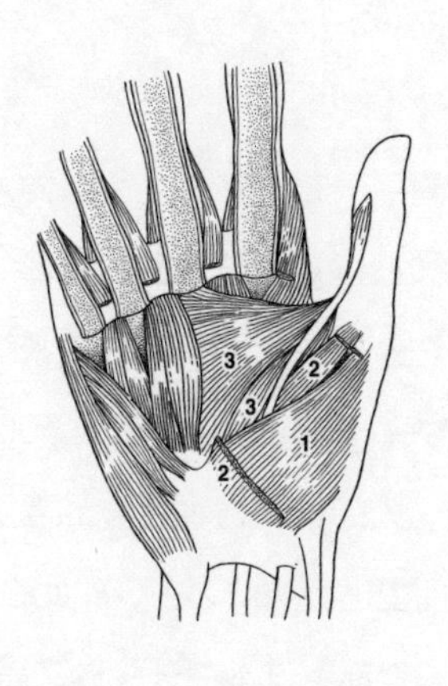

4-1　直立身体的失算

上下穿行的血路

在上一章中，我们探讨了一系列“人之所以为人”的设计迭代。有的精彩亮眼，比如拇指对掌与骨盆的变形，有的另辟蹊径，比如大脑功能的左右分化，令人不禁生疑：“这样是不是太勉强了？”从猿人到智人，需要400万年至500万年的演化。对于人科的进化速度，人们抱有各种各样的看法，但不可否认的是，在这样一段时间里进行如此之多、如此之大的调整，免不了要紧赶慢赶。各位读者都看过本书开头对文昌鱼的介绍，应该很清楚这些变化发生在一段多么短的时间里。

我们的身体似乎是一种匆忙赶制出来的产品。在本章中，我想指出人体因为反复的设计迭代而不得不面对的一些问题。这个问题绝非“人容易生病”这么简单，而是与关于人体形态的重要逻辑直接挂钩，有助于我们更准确地理解人体的全新设计。

那就从血液的必经之路，即心脏和血管系统说起吧。这个例子也能体现出，人类获得的新图纸是如何随意地决定了心脏和血管的作用。双足直立行走也对人体的心血管造成了一定的麻烦。

细细想来，在我们的祖先，即四足动物体内，血液的流动方向基本是水平的。以狗的身体为参照便可知，心脏泵出的血液在躯干部分是水平流动的，没有太多的垂直运动。换句话说，血流的主要路径相对平缓，没什么坡度。

例如，开车从东京前往中京地区时，你定会发现东名高速显然比中央高速平坦得多。另外，关东人大多知道，“第三京滨高速”非常平坦，是一条特别好开的路。其实，四足动物的血流路径就像东名高速和第三京滨高速似的，血液在其中畅行无阻。

然而，人科进行了独特的设计迭代，从头顶、躯干到脚跟都垂直于地面。对心脏和大血管而言，这可是生死攸关的大问题。这就好比一辆为第三京滨高速量身定做的车被架上了休斯敦的火箭发射器，眼看着就要垂直发射升天了。对循环系统来说，这个变化无异于体内突然冒出了一座尼亚加拉大瀑布，而且它还得用性能不佳的水泵把水打上去。事实上，人类的心脏和循环系统的基本“性能”似乎并没有因为双足直立行走而出现显著不同于广大哺乳动物的设计迭代（表 3）。也许正因为我们无法修改心血管本身的设计（其中的原因不太容易解释），它们才会面临人类诞生所造成的负面影响。

表 3　动物与人类心脏循环系统功能对比

生物种类	体重（千克）	心脏重量（克）	心率（次/分钟）	收缩压（毫米汞柱）	舒张压（毫米汞柱）	每搏输出量（毫升）	每分输出量（升）
马	500	4500	34	140	90	852	29.00
牛	500	2500	50	145	90	696	34.80
绵羊	50	300	75	135	90	53	3.98
山羊	24	200	70	130	85	43	3.02
犬	10	150	100	130	90	14	1.45
人	70	270	70	120	75	73	5.07
长颈鹿	1000	5500	59	300	230	—	—

体重、心脏重量与人的血压引自具有代表性的实测值。
其他数据引用自津田（1982）。

身体顶端的“败家子”

话说回来，四足动物体内也有需要让血液近乎垂直流动的地方，比如四肢。因为只有四肢是垂直于地面的，所以在初始设计中，四肢也是血液循环的一大难处。静脉系统的处境更为艰难，因为它必须在失去血压的状态下抵抗重力，让血液回流到心脏。作为进化的结果，某些动物在四肢的血管中配备了瓣膜。如果血液倒流，沉到四肢末端，血液循环就无法进行了。所以它们为血管配备了“阀门”，以尽可能防止血液的下降。

奈何在阿法南方古猿开始用两条腿走路以后，这个难题也没有得到解决。不仅如此，“后肢”的处境甚至比原来更加糟糕。血液要沿着躯干下降很长一段距离，然后继续向脚趾方向行进，其间不断受到重力的影响。“前肢”的情况也好不到哪去。从心脏向上泵出的血液经大动脉流向锁骨下动脉（它也是一处较大的分支），从腋窝深处流进手臂。血液必须先顺着重力的方向（当然，是否与重力方向一致取决于人的姿势）流经上臂、肘部、前臂、手腕、手掌和手指。更重要的是，这些血液必须一路抵抗重力，平安回到心脏，绝不能积聚在手指或手的其他部位。

通往大脑所在的头部的血流路径也不容忽视。尽管距离不是很长，但人的心脏必须几乎垂直地向大脑泵出血液。而且，大脑需要用到全身 14% 的血流量和 18% 的供氧量。对心脏而言，大脑是莫大的“累赘”（Ganong. *Review of Medical Physiology*）。

假设人类心脏附近的血压为 100 毫米汞柱，那么大脑入口处的血压不过 50 毫米汞柱而已。前半身竖立，意味着心脏即便以相当高的血压泵出血液，也只能勉强满足身体顶端的“败家子”。那我们能不能对抗重力，无限提高血压呢？要命的是，在远离心脏的双脚末端，血压已高达 180 毫米汞柱。如果为了守住大脑进一步加大心脏的压力，那么位置较低的身体部位就会暴露在瀑布般的血流之下，不得不面临相当难对付的高血压。这便导致智人哪怕采取最普通的站立姿势，大脑的供血依然紧张。

走投无路的心脏

人类就这样把“尼亚加拉大瀑布”搬进了体内。拜这种强人所难的血流所赐，我们不得不面对一系列相当棘手的问题。首先，大脑被逼进了“无时无刻不缺血”的境地。女乘客“扑通”一声晕倒在清晨的站台，也不是什么稀罕的事情。当然，贫血未必是晕倒的唯一原因，但是对双足直立的人科而言，确保位于身体顶端的大脑时刻享受到足够的血流量本就是一桩难事。在过去的 500 多万年里，我们改写了人体的图纸，将大约 150 厘米长的身子立了起来。大脑供血困难，便是这张图纸带来的弱点，可谓命中注定。

不过有一种动物虽然以四足行走，其血液循环系统的先天条件却和人类一样严苛。下面就请大家耳熟能详的动物界“大高个”闪亮登场吧。长颈鹿心脏附近的血压高达 300 毫米汞柱（表 3）。收集大型动物的血流数据是相当费工夫的，不过世界各国总有些不走寻常路的动物学家，他们测量了离地约 5 米的长颈鹿大脑周边的血压。结果出乎意料，血压竟然降到了 100 毫米汞柱（Ganong. *Review of Medical Physiology*）。考虑到长颈鹿的身高，这样的下降幅度也是在所难免。总而言之，长颈鹿改写了身体的图纸，为了确保头部的供血，将心脏周边暴露在了极高的血压下。由于长颈鹿至死都保持着这种状态，因此其心脏附近的血管要长期承受巨大的负担。

照理说，身材高大的动物要是只想预防贫血的话，大可把心脏改造得更强大些，产生更高的血压，便能一举成功。可惜，仅仅这样是解决不了问题的。因为长颈鹿也好，人类也罢，都不会永远头朝天站着。哪怕人科已经改用两条腿行走了，平时也需要摆出像“系鞋带”之类的姿势。喝水的时候，“原始的人类”肯定也需要向地面低头。在这样的时刻，如果心脏以蛮力将血液泵入大脑，大脑就有可能面临极高的血压。据说长颈鹿头部的血流也有这方面的困扰。若以最大功率泵血，当身体做出“朝地面低头”的动作时，血液就会集中涌向大脑，足以破坏大脑周边部位。再加上长颈鹿有长长的脖子，光靠甩脖运动的离心力，就能让大量的血液流向头部，甚至无须借助重力。

换句话说，身体在设计层面需要的并非“强行将血液打入大脑的水泵”，而是“能在任何姿势下保证全身合理供血的心血管系统”，所以人类才没有胡乱扩大心脏。确保血流时刻处于可调节的状态，合理恰当地供血，以满足人类各种姿势和动作的需要，才是进化史强加给我们的设计迭代命题。我们也可以说，伴随着双足直立行走而来的脑部供血难题除了“防止贫血”，还有“如何调节血流”。长颈鹿把大脑抬到了离地面 5 米之遥的位置，而我们人类则进化出了就身体占比而言大到极点的大脑，还把它架在了 150 厘米左右的高度。至于谁的心脏更辛苦，这样的比较恐怕没有意义。但我们至少可以肯定，人类的心脏不得不在非常恶劣的条件下劳苦终生。

手脚冰凉的背后

人体很难反重力而行，让四肢末端的血液流回心脏。手脚冰凉、浮肿等症状，也从侧面体现出了将躯干旋转 90 度的设计迭代是多么勉强。这些难以根治的四肢问题，都是血液不可避免的淤积所致。如果身体在天冷时无法将流向四肢的血液迅速收回心脏，这些血液就会因远离身体中心而迅速丧失热量，不断降温。手脚冰凉就是这种机制引起的恼人症状。血液长期淤塞还会引起浮肿，即家庭保健书籍上常说的“水肿”。人类改用两条腿走路，导致血液逆重力回流至心脏的难度加大，于是手脚的皮下组织便因血液难以回流而陷入了“积水”状态。

我不像广大女同胞那样深受浮肿与手脚冰凉之苦，但是因为工作的关系，我每年要在飞机上待几百个小时。不知为何，唐泽寿明、村上弘明和更早一些的田宫二郎[①]在电视剧中饰演的大学教授都是商务舱或绿色车厢[②]的常客，然而在现实生活中，国立大学的教授们坐的都是肉鸡见了都要抖三抖的经济舱，无一例外。座椅挤得要命，膝盖都动不了，而坐在你身边的也许是个体重直逼 120 千克的大胖子。膝盖和手肘整整 13 个小时动弹不得也是完全有可能的。这意味着我也并非与智人的现代病完全无缘。没错，我接下来要与大家探讨的正是“经济舱综合征”（Economy Class Syndrome）。

经济舱综合征是一种新的疾病，其根源正是人类特有的血

① 三人都主演过日本作家山崎丰子同名长篇小说改编的电视剧《白色巨塔》。唐泽寿明为2003年版，村上弘明为1990年版，田宫二郎为1978年版。

② 日本铁路公司（JR）旅客列车的一等车厢，比普通车厢更舒适、设备更豪华，相当于中国列车的一等座。

液循环难点。当一个人长时间处于坐姿时，血液会滞留在双脚较低的位置。如果血液的含水量在飞行期间饮水较少等因素的作用下低于正常情况，血流淤滞的下肢血管就会形成血栓。这是因为血液本就会凝固，一旦血流不畅，血液就很容易从滞留的部分凝固起来。当乘客终于抵达目的地，开始行走之后，血流得以重启。在下肢端形成的血栓就此流入体内。不幸的是，万一血栓到达了肺部，堵塞了肺部的毛细血管，血液就会无法到达肺部的某个特定区域，造成生命危险。

人科改用两条腿行走后，已经生存了大约 500 万年，但把身体禁锢在狭窄到膝盖都动不了的座位上，一坐就是大半天，不过是航空业的资本主义和负责设计飞机舒适性的人体工学在短短四五十年前铸成的错误。同样的现象恐怕已经存在了几十年，直到近几年才得到社会的关注。如此想来，我实在不觉得错在智人的双足直立行走。比起把血流路径调整成垂直于地面的身体，明明收了乘客的钱，却把人关在憋屈的座位上，十几个小时不让人动弹的欧美客机内饰厂商显然更加荒唐。要是让日本人来设计飞机的座椅就好了。日本设计师定能用配有安全带的榻榻米和坐垫，设计出让双足直立行走的动物更加舒适的座位。

4-2 现代人的苦恼

溜走的椎间盘

提起经济舱综合征，我便会想到人类的坐姿。且不论飞机的座椅设计有多荒唐，这个姿势本身就能体现出针对双足直立行走进行的设计迭代的局限性。对我们这些用两条腿行走的动物来说，“坐”是一种非常舒适的姿势。殊不知，我们依然无法摆脱重力的阴霾。虽然坐着的时候感觉相对舒适，不会很疲劳，但腰椎周边不得不承受超出祖先基本设计的沉重负荷。

对现代上班族来说，“椎间盘突出”绝不是什么陌生的字眼。它甚至称得上久坐工作者的职业病。正常的坐姿确实需要由骨盆上方支撑上半身的大部分重量。腰椎承受了身体的大部分重量——这种情况是何等可怕，如果人有四条腿，就绝不会陷入这般境地。

四足动物的脊椎如桥桁一般架在前肢和后肢之间，这正体现了初始设计的精妙。如此一来，就能将体重“悬挂”在前后肢之间。如前一章所述，脊柱本身就是运动的起点，这是脊柱与桥桁的不同之处。它承受着众多肌肉的牵拉，对抗重力，维持身体的姿势。我们完全可以说，脊柱的创意比起人类设计出来的任何一种高性能桥桁都有过之而无不及。

人们在设计金门大桥和明石海峡大桥时都不会考虑到“重力方向倾斜 90 度”的情况，然而人类却在 500 万年前完成了这样一项惊世骇俗的工程。在旋转后，坚固而柔软的桁架与重力平行，不得不在重力的作用下面临被压垮的命运。更要命的是，现代社会又造就了“每天要坐足足 15 小时”的职业。在活着的大部分时间里，大半体重被压在了身体“后方”的脊椎上——人类就此深陷窘境。

想必大家都有过吃三明治的时候馅料溢出、手忙脚乱的经历。若将三明治的面包比作脊椎，把馅料比作椎间盘，就能大致讲清椎间盘突出的原理。承受重力的方向因直立而旋转，脊椎随之受到挤压，于是便导致了椎体附属物的突出。脊柱的主体，也就是所谓的“椎体”是坚硬的骨骼，但异乎寻常的压力会把椎体之间的东西挤出去。突出的部分就是人们常说的“椎间盘”，不过更准确的说法是“髓核”，所以我接下来会使用后一种说法。

也不知是幸运还是不幸，脊髓神经要先经过椎体旁边，再伸向全身各处。突出的髓核会压迫脊髓神经的通道，造成影响正常生活的剧烈疼痛。患者本人也许会惊讶于脊椎的脆弱，但至少在脊椎动物登陆之后的 3.7 亿年时间里，脊椎一直扮演着“桥桁”的角色，而承受重力方向的改变不过是这 500 万年的事情。要知道，500 万年不过是 3.7 亿年的 1.35%。站在脊椎的角度看，这些年承受的重压才更让人震惊。这个例子也能体现出人科双足直立行走的历史是多么短暂，而这场设计迭代又是多么匆忙与荒唐。

不过，为捍卫人科向双足直立行走的进化，请允许我稍做补充。其实椎间盘突出并不是人类独有的疾病。在临床实践中某些常被用作研究对象的狗（尤其是某些腰部负担较重的品种）也经常患上这种病。换句话说，髓核本就有容易突出的性质。

疝气的真相

其实，会突出的人类部位不仅限于髓核。腹股沟疝（氙气，日语俗称“脱肠”）也是人类的常见病。所谓腹股沟疝，就是肠道等内脏器官从大腿根部向腹腔外突出。某些男性患者的肠道甚至会突出至阴囊。

由于我们改用双足行走，内脏的重量更容易作用于阴囊的位置。托着肠道的“地板”上，有一道小而弱的肌肉壁，在内脏的重量和压力下，肌肉壁上时常会出现通向阴囊的洞。虽说腹股沟疝也会发生在四足动物身上，但不得不说，人类凑齐了容易使肠道落入阴囊的条件。而且人类会打喷嚏，还会怀孕。一旦出现腹腔外压高于正常水平的瞬间，就会出现疝气。

大家可能已经注意到了，“脏器突出”又岂止髓核突出、肠道突出到阴囊这两种情况呢？重力与脊柱平行不过是近 500 万年的事情，所以除了上面提到的这几种情况，肯定还有许多地方承受着前所未有的脏器压力。站在设计迭代的角度看，人的下腹壁暴露在非常恶劣的条件下。换句话说，本不该存在的内脏压力正从各个方向作用于人体的腹壁，试图将其推开。

大家应该可以通过这个例子充分认识到，双足直立行走是一种多么大胆的改变，随之强硬推行的设计迭代又给人类，尤其是现代人带来了多少麻烦。让我们再把目光转向上半身的设计迭代——设计迭代的功过，也影响了本该卸下重担的人体前肢，即肩部到手臂。

肩膀酸痛的无尽折磨

我的妻子抱怨肩膀酸痛已经有一阵子了。一岁多的女儿体重直逼 10 千克，天天背着，只觉得肩膀酸痛不已。肩膀酸痛是一种非常神秘的现象，论病因和机制之难解，无出其右。对于这种无法锁定病因，只能对症治疗的疾病，日本人总会理所当然地寄希望于东方医学。医疗行业着实会做生意。世上恐怕没有人会因肩膀酸痛一命呜呼，但每年仍有亿万金钱因肩膀酸痛流入医疗行业。

对于这原因成谜的肩膀酸痛，我们也可以将其视作“人类为双足直立行走而进行设计迭代的负面产物”。当然，我们无法确定四条腿的动物会不会出现肩膀酸痛的症状。不过人科设计迭代的常见现象，即“勉强地使用身体的零件”，倒是在肩膀这一项上体现得淋漓尽致。

肩膀的疼痛主要集中于斜方肌。日语称“僧帽筋”，听着还挺奇怪的，据说取这个名字是因为这块肌肉形似基督教嘉布遣会（方济各会分支）的修士戴的帽子。斜方肌连接了颈部、胸部的背侧与肩膀。在人类与广大四足动物身上，斜方肌都是不可忽视的大肌肉，但它整体较薄，缺乏厚度，光看形态，实在不像是能产生巨大力量的样子。

问题是，人类把脖子立起，还把相当沉重的头颅搁在了上面。拜其所赐，即使我们没有做大幅度的动作，从颈部到肩部的肌肉群往往也处于紧张、收缩的状态。四足动物（包括我们的祖先猿猴）对“使用斜方肌”与“不使用斜方肌”有着明确的区分。四足动物走路时，正是斜方肌负责把肩骨从后背拉起，使其运动起来。因为它们不同于人类，前肢也承担着一部分体重，所以当肩部需要运动时，斜方肌会和周围的许多肌肉一起输出全力。然而当它们静止不动，以四条腿立于地面时，斜方肌就没有了因特定缘由收缩的必要。当然，斜方肌连接了肩部肌肉与躯干，必然会保持一定程度的紧张，但大体来说，只要四足动物停止大幅度的行走动作，斜方肌就能得到适度的休息。

那人类呢？一边撑起沉重的头颅，一边频繁地为达到其他目的活动手掌与手臂，成了人类这种动物的生活常态。也许我们不需要激发肌肉的全部力量抬举重物，却会在日常活动中反复抬起、放下手肘，或是用手掌做些精细的动作，哪怕全程都是下意识的。

更糟糕的是现代都市人的生活方式。看电脑屏幕、敲击键盘、凝视文件资料、全神贯注做细活……这些行为都是坐在椅子上完成的，全身几乎一动不动。在此期间，肩膀周边时刻支撑着头部，反复进入紧张状态，为了尽绵薄之力辅助手臂到指尖的动作“耿直”地工作着。

于是，持续紧张的肌肉周边就出现了供血不足的情况。四足动物使用的斜方肌张弛有度，人类却让这块肌肉长期紧绷，并且不给它供应足够多的血液。久而久之，肌肉明明没有爆发巨大的力量，却陷入了类似于严重疲劳的状态。肌肉的代谢废物（即乳酸）会堆积在斜方肌周围。乳酸会加剧疲劳感，使肌肉越发难以完成大幅度的运动。即便如此，微弱的紧张仍将持续。肌肉仍处于无法消除疲劳的状态，而且还得不到一刻的喘息。

肩部肌肉迟迟无法在生理学层面得到放松，最终将痛感反馈给了神经。而且现代人不仅没有足够的运动量帮助肩膀恢复，也缺乏机会让身心焕然一新。压力等精神层面的因素也会加重肩膀酸痛的症状，使整个肩部陷入酸痛的无尽折磨，无路可逃。

本以为肩膀卸下了行走的重担，定是无事可做。谁知事实恰恰相反，肩膀享受不到明确的假期，长期处于任务不明的工作状态。改用两条腿走路，让前肢摆脱体重的束缚，本该是人科最大的进化“卖点”。事实上，为实现双足直立行走对祖先肩部结构进行改造，似乎并不比改造身体其他部位困难多少。今时今日，斜方肌仍在你背后占据着稳固的体积和位置，仿佛也是为了证明这一点。

然而，这种看似简单的肩部功能转换，却成了生活在现代社会的智人通往肩膀酸痛无尽深渊的入口。智人垂直立起了骨盆和脊柱，拥有了自由行走的能力，也配备了哺乳类有史以来最为灵巧的双手。在人科还停留在“动物”的层次时，经过重塑的四肢堪称水准极高的成品。谁知人类“出乎意料”地过上了在精神层面高度发达的生活，硬是在地球上建立了一个肩膀酸痛愈演愈烈，医疗费用也随之水涨船高的社会。

智人究竟算什么？

“作为地球上的一种生物，我们人类究竟闯了什么祸？”

不知各位读者有没有这样的感觉？人类是高等灵长类耗费一定的时间演化出来的，有一定的历史基础，可是任我们如何往前追溯，人类终究不过是大约 500 万年前突然出现在东非的一群生物罢了。没想到这群生物在机缘巧合之下实现了误打误撞的进化，拥有了全然不同于其他动物的身体部位。

为双足直立行走服务的臀肌群；承担了内脏的重量和腹压的下腹部；虽然狭窄，却能保持平衡的脚底；精巧的拇指对掌功能；庞大的中枢神经系统；能进行高强度思考的大脑；少而精的繁殖战略……这一系列的设计迭代，都是“人之所以为人”的极致创意。

与此同时，生活在现代的我们每天都在为这些设计迭代带来的负面影响而烦恼。旋转 90 度，从水平变成垂直的腹腔引发的疝气；起因于双足直立行走的腰痛和髋关节异常；垂直的血流造成的贫血与四肢冰凉；卸下行走重担的前肢带来的肩膀酸痛……各种“现代病”数不胜数，只是本书无法尽述罢了。

每个人身上的种种问题，显然不仅仅是因为设计迭代令人体不堪重负，更是因为我们不得不按照现代社会的现实和规范生活。“坐办公室”这种就业形态本身就会造成浮肿与肩膀酸痛，这是不争的事实。发达社会的晚婚化和出生率下降，也给女性生殖器官带来了设计之外的负担。

换句话说，人体的很多问题既是人类自身设计迭代的阴暗面，又是我们建立的现代社会所带来的不可预见的负面影响。

当然，这一切其实都是我们那过分优秀的大脑所致。如果智人没有具备这样的大脑，连肺结核这样的疾病怕是都无法攻克，在肩膀酸痛之前结束短暂的一生才是常态。如果大脑的能力没有这么出色，智人就不会创造出电脑和案头工作，也不会与手脚冰凉和椎间盘突出结缘。同理，如果智人没有构筑起一个女性能处于领导地位的社会，没有经历过怀孕与分娩就患上子宫癌的人也就寥寥无几了。

智人的历史虽然短暂，却留下了一堆用橡皮和修正液反复修改、破烂不堪的图纸。在未来这些图纸的命运又会是什么模样？我们会不会继续修改图纸，走向进一步的进化？

不瞒各位，我觉得不会。因为人科用两条腿站立不过是数百万年前的事情，而人类却在第二次世界大战到冷战的这段时间里发明了核武器，只要按一下按钮，就能彻底毁灭我们这个物种。19 世纪以来，人类为了追求舒适的生活和物质层面的幸福，对全球环境进行了不可逆转的破坏。我们污染了自然，持续进行影响涉及全球的破坏性工业活动，造成了气候变暖和臭氧层空洞等问题。

纵览古今，唯有人科这一“粗暴”的群体才会在短短 500 万年的时间里撼动自己赖以生存的根基。地球上有的是活了几千万年乃至上亿年的生物群，而人类在短时间内表现出的聪明和起因于聪明的愚蠢，正意味着这个群体作为动物是如假包换的失败之作。

批判整个人科未免偏激，但智人显然算不上成功。真要说起来，这种双足直立行走的动物应该被归入“怪物”的范畴，而且还是一种可悲的怪物。因为我们把 1400 毫升的大脑架在了重 50 千克的身体上。

在通过反复的设计迭代获得巨大的大脑之前，事态还不算失控。然而在我看来，这颗大脑正是人类失败的根源所在。当然，探讨“人类作为一个物种会有什么样的未来”并非科学的使命，而是浪漫和文学的工作。但是，如果让我用解剖遗体获得的知识来回答“人类的未来会怎样”这个问题，那我终究会把自己看成走进死胡同的失败之作。

当然，这也意味着我对人类做出了悲观的预言。在我看来，我们人类的历史会在下一次设计迭代出现之前画上句号。智人的存在证明了身体的设计迭代也会催生出难以挽回的失败之作，这便是智人的故事带来的教训。不过大家也不必忧心忡忡，毕竟身体的设计迭代也催生出了能认识到“自己是失败之作”的动物，有着近乎无限的可能性，这是多么值得赞叹啊。

终　章　智慧的宝库

遗体会说话

回溯动物与人类的身体史，我们便会发现一些非常有趣的脚印。那些脚印告诉我们，也许生物的初始设计图如文昌鱼那般优秀，只是经过无数次大胆的修改，才有了我们今天所见到的“打满补丁”的形态。点滴积累的设计迭代在身体内部催生出了种种相当牵强的结构，而这一点在人类身上体现得尤为明显。

我们人类发展出了一种特殊到极点的运动模式，即双足直立行走。为此，我们不得不反复改写全身各处的图纸。在这个过程中，我们获得了体积巨大且性能优异的大脑，堪称进化的头号“卖点”。然而，以这种方式进化出的人类身体在现代社会强加于人的特殊环境（如脑力劳动、晚婚、非比寻常的长寿、科技依赖型社会的发展）下不堪重负，惨叫不止，也是不争的事实。

想必各位读者已经通过本书品尝到了进化的奥妙。讲到这里，还请大家再回味一下序章的内容。

我们现在都知道地球上曾经有阿法南方古猿等双足行走的先驱，它们在四足行走的类人猿的基础上发展出了“人科”这一全新的群体。但这些知识并非一朝一夕就能建立起来。学术界耗费了几十年的时间，才实际发掘出猿人的化石，并以证据证明了它们在几百万年前脱离类人猿，向人类迈出第一步的事实。

在如此建立起来的知识世界里，阿法南方古猿代表了确凿的证据，代表了关于人类萌芽经过的成熟理论。现如今，只要是对进化稍感兴趣的小学生都知道，阿法南方古猿等一系列从类人猿过渡到人类的猿人存在于 370 万年前的东非，走上了朝人类进化的道路。不过为了研究到这一步，学者们付出了常人难以想象的努力。

猿人绝非特例。为了揭开本书探讨过的种种身体史之谜，我们学者不遗余力地收集遗体，进行解剖，脚踏实地，稳扎稳打地对身体史做出准确的解读。

携手动物园

动物园是遗体在人与人之间架起桥梁的场所之一。对研究遗体的学者来说，动物园堪称最关键的工作场所。听说有些游客误以为“动物园里的动物基本不会死”，我真是哭笑不得。人工饲养的动物，生命当然也是有限的。任我们如何心痛，它们终究会接二连三地死去。作为研究遗体的科学家，我的职责之一就是在动物变成遗体，离开动物园的时候，将它们悄悄运走。

常有动物园的工作人员向我提问，例如：

“我们动物园死了一只大食蚁兽。它的唾液腺很大，非常显眼。我很想知道它的唾液腺为什么会演化成这样的形态。怎样才能搞清这个形态的意义呢？”

这是在迎来死亡的动物身边工作的动物园工作人员发自内心的疑问，也是喷涌而出的研究欲的体现。当然，这个问题也建立在高水平的解剖学思维上，找到答案绝非易事。

除了动物园的工作人员提出的问题，当今学术界还面临着另一个问题：如今的大学和科研机构已不再具备可以自由、愉快地讨论这些问题的氛围。近年来，有关部门以经济衰退为由开展了一系列武断的改革，在政策层面要求大学侧重短期业绩与技术研发，以致动物学、兽医学和分子生物学不得不远离饲养与死亡的第一线，告别琐碎的基础研究，专注于能立竿见影地做出业绩、争取到下一笔预算的短期或功利性项目。

简而言之，整个学术界都在为关于金钱的杂务奔波，失去了全情投入“研究食蚁兽的唾液腺”这种不必要、不紧急的工作的从容心态。从结果看，我们迎来了一个一心争业绩的“科研人员”高举利己主义大旗的时代。他们嚷嚷着：“死了珍稀动物，把它的 DNA 提取出来交给我就是了！”如果是寻常的动物遗体，甚至谁都懒得拿去用，只能烧掉了事。这就是日本学界的实际情况，也是被政策驱动的可悲现实。

长此以往，动物园会被学术的主流排除在外。动物学界眼下最紧迫的课题，就是悉心培养那些试图解答食蚁兽唾液腺之谜的人，不管这件事看起来是多么不切实际。当然，无论我和动物园如何呼吁，也无法扭转日本学术界的现状。即便如此，只要我们用心呵护人的好奇心，世界就一定会改变。

所以我才要对自己高标准严要求，确保在有人提问时能提出自己的主张。也许在动物园的工作人员看来，会认真对待这种问题的大学学者已经寥寥无几了。我愿尽我所能，回应那些点名向我求助的人的好奇心。为此，我无时无刻不在提醒自己：

“平时多加锤炼，为面对遗体准备着。”

身为一个在动物园开展遗体研究的人，这是我必须经历的修行，更是我无法推卸的义务与使命。

动物园是科学界的主角

就大食蚁兽向我提问的人，是神奈川一家动物园的饲养员，对工作极富热情。解剖大食蚁兽并不是日本动物学家研究的课题。这不仅仅是因为这种长脸的奇特生物来自遥远的南美洲，更因为日本几乎没有解剖野生动物的学术储备。在赚钱和合理主义的大旗之下，有关部门甚至认为大学就不该做这种悠闲的研究。

但在地球的另一头，仍有人不厌其烦地解剖这些动物，并留下了图纸。我复印了那些人在几十年前于法国出版的精密解剖图，发给了那位向我提问的饲养员。我很少有机会解剖大食蚁兽，只在2006年接触过死亡的个体，并有幸进行了解剖（图50）。希望下一次有人问起这种动物的时候，我能基于自己的研究成果，为动物园提供更高水平的提示。如果条件允许，我还想创造机会，和日本各地对解剖感兴趣的动物园工作人员一起拿起镊子，亲身实践。

我想与动物园的各位同人一起，在日常工作中培养面对遗体时岿然不动、昂首朝研究迈进的能力。为此，我们必须反复锤炼自己的头脑，潜心钻研，为各种突发情况做好准备。当一具已经开始腐烂的遗体出现在我们面前时，第一回合的铃声便

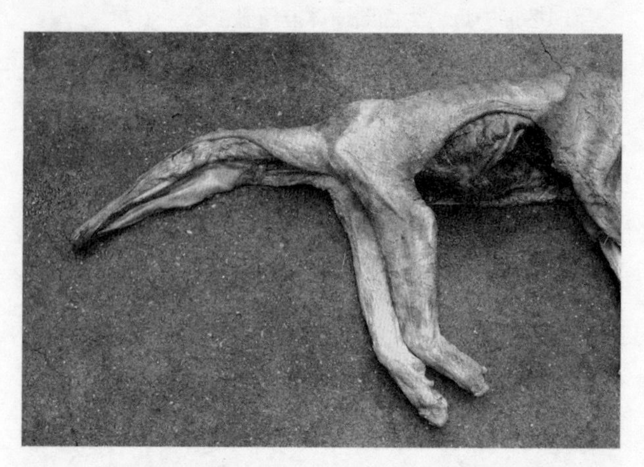

图50　上野动物园捐赠给日本国家科学博物馆的大食蚁兽遗体。图为开始解剖、剥去表皮的阶段。这是我第一次解剖这个物种。全力奋战的时刻到来了

已经响起了。等遗体到了眼前再抱着胳膊琢磨，那就太被动了。

说回序章里用过的那个比喻，解剖遗体的现场好似随时都有可能发生的火灾。把消防员替换成外科医生或军人也无妨。在消防员进行高楼灭火训练，以备不时之需时，我也在脑海里反复演练“如何取下两吨重的犀牛的蹄子”。在外科医生全神贯注地模拟复杂的手术时，我也在收集全球最珍稀的猴子——“指猴”（Daubentonia madagascariensis）的解剖图，为迎接已经死亡的指猴做好准备。在陆战队员拼死进行挖掘战壕的训练时，我也在设想“50 条虎鲸突然搁浅”的情况，构思妥当的运输方法。

我由衷希望今后能有机会与动物园的工作人员深度分享这些学者的专业思维。社会和政府部门似乎对动物园和博物馆抱有严重的误解。动物园绝非靠展示动物卖门票的机构。它们需要长期开展高质量的教育和研究，以满足人们对科学的好奇心。我一贯认为，像我这样的学者一定要坚持与动物园分享研究和教育的原则和理念。我甚至想创建一所容得下这类研究的大学。我也希望动物园能成为有能力推动这类研究的机构。我坚信，只要有遗体，只要遗体仍是人与人之间的桥梁，这个梦想就一定能够实现。

遗体将动物园和我联结起来

动物园里的一头长颈鹿死了（图 51），如果你在这样的时刻认定自己能做喜欢的研究了，兴高采烈地联系动物园说：“请把死掉的长颈鹿给我做研究素材吧！”那就说明你在研究的第一线还只是个半吊子。

也许那头长颈鹿在动物园里住了整整 20 年。饲养员也许见证了它的诞生，多年来悉心照料，视其为珍爱的伴侣。眼看着与自己同甘共苦的动物走向黄泉，我却带着吊车前来接收遗体，不管饲养员是谁，我在人家眼里都有可能沦为“在守灵会当晚闯入会场行窃的小偷”。更何况，动物园往往还要履行其作为行政机构的职责。

当然，我们都希望动物园可以少一些官僚主义，但是从客

图 51　长颈鹿的遗体与我。遗体由东京都多摩动物园捐赠。遗体研究的第一个场景大多如此
摄于日本国家科学博物馆的骨架处理设施

观角度看，我们必须认识到一个可悲的现实，那就是日本各级政府旗下的许多动物园在传统上都属于政府机构的一部分。接收遗体的科研人员也许是公务员，也许是风头正劲的机构职员，但无论如何，他们行事终究仍有一定的自由度，可惜广大动物园尚未具备这样做事的条件。

最关键的是，遗体毫无疑问是动物园的重要资产，而我不过是一个前去接收遗体的人罢了。换句话说，原本属于动物园的遗体会在某个时间节点变成我可以自由碰触的东西。不过在动物死后的这段时间，它还不属于我，所以我不应该随便乱碰。

“远藤先生，这具遗体归你了，请你随意处理。”

在动物园的工作人员说出这句话之前，我绝不会碰遗体一下。

把用来切割遗体的工具放进包里，把箱子关紧锁好，双手交叉背在身后，不主动提要求，这便是我们的行事风格。这也是解剖遗体的科学长久以来一直在培养我们的与动物园打交道的正确方式。只有这样才能最大限度地尊重动物园的工作人员，妥善推进研究项目。

事实上，正因为我们摆出了专家应有的态度，许多动物园才逐渐对遗体研究产生了兴趣，而这也为基本工作的顺利推进夯实了地基。种种进步让我们欣喜不已，但至少在刚开始的阶段，我们应该把毫不逊色于消防员的战斗精神藏在心底，留出一段等待的时间。

当然，只要工作人员一发话，我们就会竭尽全力抓住这难得的机会。动物园平时饲养动物，又在动物死去时怀着善意将遗体捐赠给我们，所以我们必须表现出不逊色于动物园的专业精神，让眼前的遗体在科学的世界“重获新生”。

只有走到这一步，我才会把手指放在遗体的皮肤上，插入精心打磨的刀具。

“平时多加锤炼，为面对遗体准备着。”

用千锤百炼的头脑，把科学的答案反馈给遗体的原主——接收遗体之人理应如此。这就是收集、研究遗体的意义所在。不得不说，那些只把遗体看作研究素材，来到动物园要求采集遗体组织的人，都是愚昧无知的利己主义者。他们眼里只有自己的研究。要把遗体研究做好，就必须和围绕遗体运行的小社会中的无数相关者深度交流，与他们“并肩而行”（远藤秀纪《通过动物园的遗体创造尽可能大的学术成果》，远藤秀纪、山际大志郎《解剖学：谈谈熊猫的拇指》）。

热情洋溢的动物园

在调入大学之前，我在博物馆工作了 12 年。无论是在当时还是在我进入大学后，我都始终有幸来到遗体的所在地，参与“宝物”的运输工作。我参与遗体运输的次数，恐怕也是我给动物园添麻烦的次数。除了东京都的动物园，横滨市、川崎市、千叶市与京都市的动物园，以及神户市的王子动物园、大阪市的天王寺动物园、名古屋市的东山动物园都捐赠过遗体。我定会铭记各位同人的恩情。

这些动物园的工作人员对科学怀有由衷的热爱，这一点也为我注入了无限的勇气。

“动物死后，我们应该如何处理遗体，为后期的研究打好基础呢？”

听到这个问题，我不知道该如何回答才好。

“不，作为一个解剖学家，我会有意识地克制自己，不对遗体抱有过高的期望。一个称职的解剖学家无论面对怎样的遗体，都应该做出像样的成果来。这年头，只顾自己的‘鬣狗’型学者实在太多了。要是您做得太周到，他们就只会拿了材料走人。”

说完这话，我便笑了。

其实每一种动物的遗体身上仍有许多未解之谜。为动物园工作人员开拓遗体研究的道路，应该也是我的职责之一。因为动物园已经不会误以为我是只想要材料的利己主义者了，所以我可以跟工作人员分享一些自己的思路。这正是让遗体联系起我与动物园工作人员，促使我们共同推动文化发展的绝佳机会。在一味追求研究业绩与解释责任的研究项目大行其道的当下，在纯粹的好奇心驱使下成为学者的我们也许能依托遗体，让小小的研究梦想生根发芽。

“要是有机会的话，我真想再观察一下猎豹爪子的关节。其他猫科动物的骨骼很难实现那样的加速度。猎豹拥有非凡的肌肉配置，使它能够通过爪尖的运动踢地。只需要跑上 200 米，它们的直线速度就能达到每小时 90 公里。实现这种加速能力的关键肯定是将肌肉的能力切实传递给地面的爪尖运动。有必要针对爪子再进行一番考察啊。”

“如果有机会解剖野牛的遗体，我想用手术刀在它的骨盆周围比画一下。因为它们是地球上体形最大的牛，个头大的雄性野牛大概有 1 吨重。但它们竟有长跑的能力，可以维持每小时 30 公里以上的速度。这肯定是骨盆进化的结果。它们的骨盆有着特殊的形状，既能支撑庞大的体重，又能快速奔跑。”

“如果能再见到一只大熊猫，我想解剖一下它的消化道。胃部和小肠的各个角落里，肯定存在不同于熊科亲戚的地方。它们原本是肉食性的熊，却进化出只吃竹子的食性。它们能以这样的食谱活下去，就说明它们的消化器官很有可能配备了前人没有发现的结构。”

“海豹？那当然是用电子显微镜拍摄心肌，外加肉眼解剖了。有些海豹只要吸一口气，就能深潜觅食数十分钟之久。如果它们用常规方法让含氧的血液在体内循环，恐怕还没吃饱就会耗尽氧气。所以在潜水期间，它们的心脏跳得很慢，简直跟停跳了似的。为什么它们能这样控制自己的心跳？从 20 世纪 80 年代开始，关于这一点的研究一直没有新的进展。”

“如果有大象死了，我想逐一检查它鼻子上的肉。其实，与其说那是鼻子，倒不如说那是一条会动的上唇。逐一检查控制上唇微妙动作的肌肉，追踪它们的走向，恐怕要耗费一辈子的时间。没有一个大学教授有这样的闲工夫，但我们要是不坚持研究，就永远都没法搞清大象的鼻子为何如此灵巧了。”

我们会就这些话题展开乐趣纷呈的讨论，怎么聊都不腻。

近年来，我时常有幸在动物园工作人员的各种集会上与大家分享动物死后的种种故事。看到饲养员们听得津津有味，我切身感觉到这是提升动物园发展潜力的大好机会。

“能不能跟我们讲讲每种动物的遗体可能会牵涉到哪些主题呢？”动物园年轻员工的积极性非常高，常会问出一些考验我修行成果的问题。

毁灭文化的拜金主义

猎豹的爪子、海豹的心脏、大食蚁兽的唾液腺、大熊猫的消化道……正如我在介绍动物园与遗体解剖学者的关系时提到的那样，多亏对每一具遗体的解剖与点滴的积累，我们才能将“身体史”这个巨大的主题作为已经证实的真相存入动物学的知识宝库。当然，某日悄然死于某处、浑身长满蛆虫的貉的遗体，也为这座知识宝库做出了贡献。这些工作是社会必须积累的文化，也是我们应该引以为豪的智慧。

遗憾的是，在当今的动物学界，收集遗体、积累知识这般费时费力的研究变得越来越难做了。想必各位读者也已经意识到了，收集大量的遗体，试图揭开身体的历史，与开发新产品、开拓巨大的商业市场等快节奏的实用科学截然不同。

不直接从事学术研究工作的读者也许没有切身感受。近年来，尤其是在泡沫经济崩溃之后，日本的学术界已经完全失去了时间和金钱层面的从容。在行政改革的浪潮中，为了展示科研能够对社会做出的贡献，国家在政策层面大力推动的并不是那些没法用来赚钱的纯粹研究，比如通过大量的遗体探寻动物和人的身体史。从 20 世纪 90 年代开始，日本这个国家所追求的不再是建立于科学好奇心上的研究，而是能立即生钱，立刻转化为国际竞争力的实用技术开发。当然，这种变化的背后有着非常浅薄的“评判标准”，那就是“这项研究花费了多少钱”“获得了多少专利”，“相对于投入的税收，它为国家带来了多少物质财富”。不知不觉中，不符合这一标准的研究课题与科研人员都被逼到了社会的角落。

“金钱重于文化。”

政客、商人乃至普通的年轻人都认同这股拜金的浪潮，这便是今日的现状。任我们如何呼吁“动物学是一种文化，遗体是构建社会知识库的重要元素”，大环境依然严峻。

开创遗体科学

因此，我决定先迈出一小步，再次探索新知。这一小步，便是“遗体捐献制度”（图 52）。当然，我说的不是古已有之的

图 52　呼吁捐赠动物遗体的广告。我们成立了一个名为“遗体科学研究会”的志愿组织，向全社会呼吁“为文化捐赠遗体”

人类医学制度。我呼吁大家捐献的是动物的遗体。我迫切地希望能在社会的语境下借助被称为"遗体捐献制度"的机制，让动物的遗体为科学所用。

请大家不要误会，我并不是极端的动物保护主义者，坚持认为动物的遗体应该和人的遗体一样有尊严，应该对动物倾注无限的爱。我之所以认为动物也需要有"遗体捐献制度"，主要是因为学术界长期以来受利己主义与合理主义的引导，使得包括政府机构和政客在内的全社会把科学的世界推向了冠以"评价"与"竞争"之名的毁灭文化之路。

在当今社会，"评价"与"竞争"早已失去了应有的意义，彻底沦为"上头"制定的东西，评判的标准则是你在短时间内调动了多少资金、申请了多少专利，发表意见的平台又有多高的规格。我坚信，这样的政治风气是错误的，只会催生出若无其事撒谎的人，韩国的人类干细胞风波[①]便是最好的例子。让科学家忘记初心，把大学搅得一团乱的责任，并不应由科学家自己承担。问题的根源，在于一味煽动"竞争"的当今政客。

"我想保护动物的遗体和活在它们身边的人，不让他们被短视的标准所害。"

这是我发自内心的祈祷。因为我们绝不能让遗体受当权者

① 2004年2月，韩国科学家黄禹锡宣布他成功地从克隆胚胎中获得了干细胞，这意味着人们可以获得各种类型的用于治疗的人体细胞，这些细胞在遗传上可与任何患者相匹配，避免了被患者免疫系统排斥的问题。这一成果立刻引起了干细胞领域前所未有的瞩目，人们对其应用前景兴奋不已。然而，人们最终发现上述研究成果均为伪造，两篇主要论文被撤回，数位相关科学家的职业生涯被葬送。

左右，不能让它们沦为赚钱的工具，更不能允许遗体因虚假的“评价”与“竞争”遭到抛弃。

正如我在这本书中反复强调的那样，为了揭示身体的历史，我们必须面对长达 5 亿年的时光。为了扎实推进研究，我们必须收集许多遗体，夜以继日地以手术刀和镊子奋战。用“这样的研究可以发展出专利技术”之类的谎言为自己辩护固然容易，但长此以往，日本这个国家与日本人就永远都等不来“把学问作为一种文化大力发展”的机缘。

其实，日本已经建立了很多博物馆。但遗憾的是，这些博物馆几乎没有成为受人尊重的文化中心（远藤秀纪《日本生物学的光与影》《大学博物馆能成为 Museum 吗？》《博物馆的饥饿》《自然志博物馆的未来》《为什么现在做动物科学？》《熊猫的遗体会说话》《解剖男》，远藤秀纪、林良博《背负博物馆的力量》）。回顾历史，关东大地震引发的火灾烧毁了当时为数不多的标本，但没有任何迹象表明有关部门在灾后为博物馆的复兴投入过心血。第二次世界大战临近尾声时，军队接收了上野公园的博物馆，亲手毁掉了许多重要的标本，这更是可悲的史实。战后兴建的众多博物馆大多是以吸引游客为目的的公共工程产物，而不是文化的载体。

正因为生活在这样一个国家，我们才更应该构筑一套完整的机制，确保人们可以探索遗体与社会的关系，为文化研究遗体，最后永久保存遗体。

我把这种细水长流的遗体研究称为“遗体科学”（远藤秀纪《遗体科学的策略》《解剖男》《遗体科学论》）。“遗体科学”泛指研究遗体并将遗体传给后人的整个过程。它不单单是追求研究结果的学问，更是一套完整的社会活动体系，旨在明确遗体在人类社会中的定位，将其视作为阐明身体史服务的知识源泉。

公民与文化的未来

站在学者的角度看，要想让遗体科学结出硕果，当务之急是让动物园、博物馆、大学和研究机构携起手来，在坚持“我们要为社会留下某种价值”这一价值观的基础上通力合作。

我决定在遗体科学的小战场上尽绵薄之力，留下来自学者群体的声音。我把动物园和博物馆看作学问与文化的源泉，并从这一角度出发，在日本学术会议上总结了我的主张。最终，我与几位志同道合的朋友共同撰写了两份关于博物馆的报告，向全社会公开，供大家浏览。① 然而要想将我们的声音转化成更强大的浪潮，还需要数倍于此的努力。

正如我在这些文章中所探讨的那样，日本的动物园和博物馆的力量到底还是太弱了。日本不是一个能在文化层面研究遗体的国家，这意味着社会并不承认动物园和博物馆是学术的引领者。作为生物学领域的专业人员，我绝不能眼睁睁看着社会

---

① 日本学术会议主页：http://www.scj.go.jp/ja/info/kohyo/data_19_2.html——原注。

将责任归于动物园和博物馆。

而且，这也不仅仅是科研人员的问题。每个公民包括各位读者也必须想方设法保护好动物园和博物馆，使它们能够为了文化继续发展。近年来，针对动物园与博物馆的指定管理者制度[①]、市场化测试[②]、第三部门化[③]、私有化与关停引起了全社会的广泛关注。是否容忍这种社会教育的胡乱改革与调整，正取决于公民的文化成熟程度。

遗憾的是，普通公民在提到动物园、博物馆等社会教育设施的时候，往往只会从“使用者”的角度出发，只会以“便利性”这一尺度去衡量。动物园与博物馆明明是教育机构，很多人却只把它们当作和游乐园没什么两样的娱乐设施，或是和市营公交车半斤八两的公共服务设施。

动物园和博物馆既非只建立在经济活动之上的娱乐场所，亦非以金钱换取安乐舒适的服务行业。它们是文化的源泉，每位公民都应该以成熟的心态负起相应的责任。公民应该大声反对的，是把社会教育拱手送入行政改革之虎口的政客与政府部门。既然动物园和博物馆是教育机构，肩负着文化的未来，公民就应该以对待选票的谨慎态度去对待它们。它们倚重的并非

---

① 委托富有经验的民营企业管理公共设施的制度。

② 一种公私合营的竞标制度，目的是让公众判断，作为向公众提供公共服务的实体，是公共部门还是私营部门更能满足公众的期望。

③ 第三部门指在第一部门（政府）与第二部门（企业）之外，既非政府单位，又非一般民营企业的各类组织之总称。

服务与利益，不应该被托付给政客。同理，我们对动物园的要求也不应该止步于服务和安乐。如果我们只以“作为一种娱乐服务是否成功”来衡量动物园和博物馆的意义，就好像世界上所有的事业都可以用金钱来评价一样，那么在动物园和博物馆开展的活动就不再是社会教育或行政改革了，更不是文化。那不过是一种“生存行为”罢了，连猴子都能做到。发展文化是社会呕心沥血也要实现的目标，是我们必须为明天履行的责任。若是忘记了这一点，我们就不能随随便便探讨社会教育与文化的未来。

身处遗体所在的第一线，从每天收集的遗体获取新知，将遗体传承给后人，这一系列活动的核心，永远是动物园和博物馆。建立在它们之上的知识体系，就是这本书的主轴，即关于身体的种种历史。

想必大家已经意识到了，遗体科学与整个社会缔造的动物园和博物馆密不可分。遗体科学的前景，正取决于各位读者有没有认识到动物的遗体就是知识的源泉，有没有认识到动物园和博物馆是未来科学的中心。帮助大家对原本不熟悉的身体史产生新的理解，也正是遗体科学努力奋斗的方向。

后 记

初中与高中的推荐书单里常有科学家写的启蒙类书籍。无论开出书单的是知识与思维都变得浅薄不堪的理综课，还是侥幸躲过了理科学习指导纲要的语文课，我对这类书都喜欢不起来。毕竟学校、老师和教育部门要想在不精挑细选的前提下向孩子们推荐书籍，最省力的办法就是盲目相信公众的评价。如此选定的书单还是不信为好，哪怕上面列的都是畅销多年的经典著作。这些书要么不过是在规规矩矩地陈述理想的事实，要么就是以滑稽幽默的文风牵着读者的鼻子走。

我之所以提笔写下这本书，是因为我想让更多的人看到学者不懈奋斗的身姿，想让人们注视“遗体科学”这样一门朴实无华的学问苦苦挣扎、呻吟不止的模样。你能透过这本书看到学者们克服孕育新知之苦，为揭开人和动物的身体奥秘燃烧激情、不知疲倦的精神面貌。人类社会每天理所当然享受着的关于身体的知识，都离不开与“潇洒”二字毫不沾边的遗体和奋不顾身的学者。我不在乎看到这本书的是初中生、上班族、家庭主妇还是悠然自得的老者，只想让寻常人了解到这样一个寻常的事实——科学的胜利果实，必然来自与现实的不懈斗争。

电视剧里的科学家风流潇洒。与国家竞争力相结合，能带来无数财富的科技更是优雅无比。如果广大读者能通过这本书认识到，学者用自己的双手解开谜团、寻求真相的态度在本质上与它们没有任何关系，于我而言便是无上的幸福。如果在探讨科学的时候不以这项事实为基础，这个岛国的文化定会在拜金主义面前云消雾散。为了防止这种情况的发生，也为了把科学培育成人类未来的智慧，学者必须履行职责，不懈地抗争。同时，我们也有必要帮助读者加深对科学的理解，毕竟大家平时可能不太和学术打交道。

我由衷希望，遗体能成为科学与文化的核心，无论是现在，还是在遥远的未来。

感谢日本国家科学博物馆的渡边芳美老师在百忙之中为本书绘制了多幅插图。那优美而客观的描绘也为文字提供了一大助力。同时，由衷感谢有志通过遗体与我携手共创明天的动物园工作人员与猎人。多亏神户市王子动物园的浜夏树先生，大阪市天王寺动物园的竹田正人先生、高见一利先生，名古屋市东山动物园的桥川央先生、内藤仁美女士，以及其他在动物园辛勤工作的同人的鼓舞，我才有动力开展各项工作。还要感谢引导我走上这条路的东京都各大动物园、横滨 Zoorasia 动物园与横滨市研究所、千叶市动物园的诸位，以及各界人士平日里的鼎力相助。感谢以上柳昌彦先生、樱庭亮平先生为首的东京有乐町日本广播的工作人员在广播中介绍我的作品，感谢听众的捧场。感谢结合特摄科幻与影像表现的话题，与我一起探讨遗体科学的伙伴，与加藤正志先生、喜多村武先生、清水俊文先生、小川健司先生、前田诚二先生、川田伸一郎先生、山岸源先生、樱井加奈女士、小乡智子女士的交流总能让我以更加饱满的精神面貌投入对遗体的研究。最后，衷心感谢光文社新书编辑部的小松现先生，在我因工作调动无法如期完稿的时候，仍耐心修改拙作。

***

我的女儿聪子快一岁半了。对她来说，哭泣几乎是表达意愿的唯一方式。面对不分时间地点号啕大哭的聪子，妻子有时也难掩疲惫之色。不过到头来，能让我和妻子真正振奋起来的，正是她那惊天动地的哭声。

今晚的啼哭又开始了。

时钟的指针指向 2 点 40 分。再过一会儿，泪迹未干的聪子就会趴在妻子背上来书房玩耍。在深夜见到她们，已在不知不觉中成了我写作的一大动力。谢谢你们。谢谢你们。希望你们能继续这样鼓励我。也许当我面对下一本书的稿纸时，聪子不仅会哭，还能对我说些什么……

远藤秀纪

2006 年 3 月

参考文献

遠藤秀紀『解剖男』講談社（講談社現代新書）、2006 年

遠藤秀紀『遺体科学論』東京大学出版会、2006 年

遠藤秀紀『パンダの死体はよみがえる』筑摩書房（ちくま新書）、2005 年

遠藤秀紀「動物園の遺体から最大の学術成果を」『哺乳類科学』43：57-58. 2003 年

遠藤秀紀『哺乳類の進化』東京大学出版会、2002 年

遠藤秀紀「遺体科学のストラテジー」『日本野生動物医学会誌』7：17-22. 2002 年

遠藤秀紀「いまなぜ、アニマルサイエンスか？　農学がもつべき Zoology の未来像」『UP』349：24-29. 2001 年

遠藤秀紀『ウシの動物学』東京大学出版会、2001 年

遠藤秀紀・山際大志郎「解剖学、パンダの親指を語る」『科学』70：732-739. 2000 年

遠藤秀紀・林良博「博物館を背負う力」『生物科学』52（2）：99-106. 2000 年

遠藤秀紀「自然誌博物館の未来」『UP』324：20-24. 1999 年

遠藤秀紀「博物館の飢餓」（『野生動物の保護をめざす「もぐらサミット」報告書』pp. 57-68. 比婆科学教育振興会、庄原）、1998 年

遠藤秀紀「日本の生物学の光と陰」（『学問のアルケオロジー』pp. 490-495. 東京大学編）、1997 年

遠藤秀紀「大学博物館はMuseumになり得るか」『生物科学』49：49-51. 1997 年

遠藤秀紀「比較解剖学は今」『生物科学』44：52-54. 1992 年

Ganong, W. F. *Review of Medical Physiology*. Lange Medical Books / McGraw-Hill, New York. 2005.

Johanson, D. C. and T. D. White. A systematic assessment of early African hominids. *Science* 203: 321-330. 1979.

片山一道（監訳）（Facchini, F. 著）『人類の起源』同朋舎出版、1993 年

NHK 取材班「NHK サイエンススペシャル　生命　40 億年はるかな旅　5」日本放送出版協会、1995 年

Schultz, A. H. Relations between the lengths of the main parts of the foot skeleton in primates. *Folia Primatologica* 1:150-171. 1963.

津田恒之『家畜生理学』養賢堂、1982 年

图书在版编目（CIP）数据

失败的进化：人类为直立行走付出的代价 /（日）远藤秀纪著；曹逸冰译. -- 北京：社会科学文献出版社, 2022.1

ISBN 978-7-5201-8847-0

Ⅰ. ①失… Ⅱ. ①远… ②曹… Ⅲ. ①人类进化－历史 Ⅳ. ①Q981.1

中国版本图书馆CIP数据核字（2021）第167073号

失败的进化：人类为直立行走付出的代价

著　　者 / ［日］远藤秀纪
译　　者 / 曹逸冰

出 版 人 / 王利民
责任编辑 / 杨　轩　胡圣楠
文稿编辑 / 郭锡超
责任印制 / 王京美

出　　版 / 社会科学文献出版社（010）59367069
地址：北京市北三环中路甲29号院华龙大厦　邮编：100029
网址：www.ssap.com.cn
发　　行 / 市场营销中心（010）59367081　59367083
印　　装 / 北京盛通印刷股份有限公司

规　　格 / 开　本：889mm×1194mm　1/32
印　张：6.75　字　数：131千字
版　　次 / 2022年1月第1版　2022年1月第1次印刷
书　　号 / ISBN 978-7-5201-8847-0
著作权合同登记号 / 图字01-2021-7275号
定　　价 / 69.00元

本书如有印装质量问题，请与读者服务中心（010-59367028）联系

▲ 版权所有 翻印必究